四季花城

岭南夏季花木

朱根发　徐晔春　操君喜　编著

中国农业出

目　录

乔木/1

灌木/56

藤蔓与攀缘植物/106

草本花卉/141

人面子

Dracontomelon duperreanum
人面树
漆树科人面子属

【识别要点】常绿大乔木，高达20m。幼枝具条纹，被灰色茸毛。奇数羽状复叶，小叶互生，近革质，长圆形，自下而上逐渐增大，先端渐尖，基部常偏斜，阔楔形至近圆形，全缘。圆锥花序顶生或腋生，比叶短，花白色，萼片阔卵形或椭圆状卵形，花瓣披针形或狭长圆形。核果扁球形，成熟时黄色，果核压扁，上面盾状凹入，种子3～4颗。

【花果期】花期初夏。

【产地】云南、广东及广西。生于海拔93～350m的林中。越南也有。

【繁殖】播种。

【应用】枝叶茂盛，株形美观，为优良的庭荫树，多用作行道树或风景树种，也可用作经济树种大面积种植。果除供鲜食外，大多用于加工成凉果、人面酱等。

糖胶树

Alstonia scholaris
盆架树、面条树
夹竹桃科鸡骨常山属

【识别要点】乔木，高达20m。枝轮生，具乳汁，无毛。叶3～8片轮生，倒卵状长圆形、倒披针形或匙形，稀椭圆形或长圆形，顶端圆形，钝或微凹，稀急尖或渐尖，基部楔形。花白色，多朵组成稠密的聚伞花序，顶生，花冠高脚碟状，花冠筒中部以上膨大，裂片在花蕾时或裂片基部向左覆盖，长圆形或卵状长圆形。蓇葖2，细长，线形。种子长圆形，红棕色。

【花果期】花期6～11月；果期10月至翌年4月。

【产地】喜湿润肥沃土壤，在水边生长良好，为次生阔叶林主要树种。广东、湖南和台湾有栽培。尼泊尔、印度、斯里兰卡、缅甸、泰国、越南、柬埔寨、马来西亚、印度尼西亚、菲律宾和澳大利亚热带地区也有。

【繁殖】播种、扦插。

【应用】株形美观，为优良的行道树种，花洁白，果似面条，有较高的观赏性，适合公园、绿地及建筑物旁孤植或列植。

钝叶鸡蛋花

Plumeria obtusa
钝叶缅栀子
夹竹桃科鸡蛋花属

【识别要点】落叶灌木或小乔木，株高可达5m。枝条淡绿色，肉质，具丰富乳汁。叶厚纸质，长椭圆形，顶端圆，基部狭楔形，叶面绿色。聚伞花序顶生，花冠外面白色，花冠筒内面黄色，花冠筒圆筒形，花冠裂片近卵圆形，多少有些反折。蓇葖双生，广歧。种子斜长圆形，扁平。

【花果期】花期5～10月。
【产地】原产加勒比海诸岛。我国南方有栽培。
【繁殖】扦插。

【应用】花大，洁白，具芳香，多用于公园、社区或庭院绿化，孤植、列植效果均佳。

红鸡蛋花

Plumeria rubra
红缅栀子
夹竹桃科鸡蛋花属

【识别要点】落叶小乔木，高约5m，最高可达8m。枝条带肉质，具丰富乳汁。叶厚纸质，长圆状倒披针形或长椭圆形，顶端短渐尖，基部狭楔形，叶面深绿色，叶背浅绿色。聚伞花序顶生，花萼裂片小，卵圆形，花冠红色，花冠筒圆筒形，花冠裂片阔倒卵形。蓇葖双生，广歧。

【花果期】花期5～10月。
【产地】原产墨西哥。我国各地有栽培。
【繁殖】扦插。

【应用】花红色，栽培品种较多，色泽有浅红、深红、浅粉等，具芳香，适于公园、社区或庭院绿化，多孤植，也可列植。

鸡蛋花

Plumeria rubra 'Acutifolia'
缅栀子
夹竹桃科鸡蛋花属

【识别要点】落叶小乔木，高约5m，最高可达8m。枝条粗壮，带肉质，具丰富乳汁。叶厚纸质，长圆状倒披针形或长椭圆形，顶端短渐尖，基部狭楔形，叶面深绿色，叶背浅绿色。聚伞花序顶生，花萼裂片小，卵圆形，花冠外面白色，花冠筒外面及裂片外面左边略带淡红色斑纹，花冠内面黄色，花冠筒圆筒形，花冠裂片阔倒卵形。蓇葖双生，广歧，圆筒形。种子斜长圆形，扁平。

【花果期】花期5～10月。
【产地】栽培品种。
【繁殖】扦插。

【应用】花洁白美丽，具芳香，适于公园、社区或庭院绿化，多孤植，也可列植。鸡蛋花为佛教的“五树六花”之一，在我国西双版纳以及东南亚等国家的寺庙中常见栽培。花可制作菜肴或泡茶，具有解毒、润肺的功能。在夏威夷等地，人们喜欢将采下来的鸡蛋花串成花环作为饰物。

黄花夹竹桃

Thevetia peruviana

酒杯花、黄花状元竹

夹竹桃科黄花夹竹桃属

【识别要点】乔木，高达5m。树皮棕褐色，枝柔软，小枝下垂。叶互生，近革质，无柄，线形或线状披针形，两端长尖，光亮，全缘，边稍背卷。花大，黄色，具香味，顶生聚伞花序。花萼绿色，5裂，裂片三角形。花冠漏斗状，花冠裂片向左覆盖，比花冠筒长。核果扁三角状球形，种子2～4颗。

【花果期】花期5～12月；果期8月至翌年春季。

【产地】美洲热带地区。现世界热带及亚热带广为栽培。

【繁殖】扦插、播种。

红酒杯花

【应用】花期长，花色明艳，具芳香，具有较强的抗逆性，适合公路绿化带、庭园的路边、山石旁或草地中栽培观赏。本种树液和种子有毒，误食可致命；种子可榨油，制肥皂等；油粕可作肥料；果仁入药，有强心、利尿、祛痰、发汗、催吐等作用。另外栽培的品种有红酒杯花（*Thevetia peruviana* 'Aurantiaca'）。

澳洲鸭脚木

Schefflera actinophylla

辐叶鹅掌柴

五加科鹅掌柴属

【识别要点】常绿乔木，干平滑，朱高可达30m。掌状复叶，具长柄，丛E枝条先端。小叶3～16枚，长椭圆形，十端突尖，革质，叶色浓绿，有光泽。圆锥状花序大型。花小，紫红色。未见吉实。

【花果期】花期夏季。

【产地】大洋洲。

【繁殖】扦插。

【应用】为著名观叶植物，株形美观，叶大，终年常绿，在居家及园林中常见应月，可植于路边、草地、池畔等地绿化，也可作行道树。盆栽用于厅堂绿化。

叉叶木

Crescentia alata
十字架树
紫葳科葫芦树属

【识别要点】小乔木，高3～6m。叶簇生于小枝上；小叶3枚，长倒披针形至倒匙形，几无柄，侧生小叶2枚。花1～2朵生于小枝或老茎上；花萼2裂达基部，淡紫色。花冠褐色，具有紫褐色脉纹，近钟状，具褶皱，喉部常膨大呈淡囊状。果近球形，光滑，不开裂，淡绿色。

【花果期】主要花期夏季，春、秋也可见花；果期秋冬。

【产地】原产墨西哥至哥斯达黎加。现已在中国南部、菲律宾、印度尼西亚、大洋洲广泛栽培。

【繁殖】播种、扦插、压条。

【应用】小叶呈十字架形，故名十字架树。为典型的老干生花树种，优良的科普素材。花、叶、果均有较强的观赏价值，可用于庭院、公园、风景区绿化。

蓝花楹 *Jacaranda mimosifolia*

紫葳科蓝花楹属

【识别要点】落叶乔木，高达15m。叶对生，为2回羽状复叶，羽片通常在16对以上，每枚羽片有小叶16～24对；小叶椭圆状披针形，顶端急尖，基部楔形，全缘。花蓝色，花序长达30cm，花萼筒状，花冠筒细长，下部微弯，上部膨大，花冠裂片圆形。蒴果木质，扁卵圆形。

【花果期】花期5～6月。

【产地】原产南美洲巴西、玻利维亚、阿根廷。我国引种栽培供庭园观赏。

【繁殖】播种、扦插。

【应用】花蓝艳可爱，为园林树木中少见的花色。好温暖气候，宜种植于阳光充足的地方。适宜生长温度22～30℃，若冬季气温低于15℃则生长停滞，低于3～5℃有冷害，夏季气温高于32℃则生长也受抑制。在岭南地区种植时，由于春季雨水多，积温和光照不足，常开花不良。适宜于南部热带地区公园、绿地等孤植或作行道树。

山菜豆

Radermachera sinica
菜豆树、豇豆树
紫葳科菜豆树属

【识别要点】小乔木，高达10m。叶柄、叶轴、花序均无毛。2回羽状复叶，稀为3回羽状复叶，叶轴长约30cm；小叶卵形至卵状披针形，长4～7cm，宽2～3.5cm，顶端尾状渐尖，基部阔楔形，全缘。顶生圆锥花序，直立，苞片线状披针形。花萼蕾时封闭，花冠钟状漏斗形，白色至淡黄色。蒴果细长，下垂，圆柱形，稍弯曲。

【花果期】花期5～9月；果期10～12月。

【产地】台湾、广东、广西、贵州及云南。生于海拔340～750m的山谷或平地疏林中。

【繁殖】播种、扦插、高空压条。

【应用】花洁白，叶色翠绿，株形美观，常盆栽用来装饰客厅、卧室或办公室等处，园林中可用于公园、绿地作行道树或孤植观赏。根、叶、果入药，可凉血消肿，治高热、跌打损伤、毒蛇咬伤。木材可作建筑用材。

黄钟花

Tecoma stans

金钟花

紫葳科黄钟花属

【识别要点】常绿灌木或小乔木，株高1～2m。叶对生，奇数羽状复叶，小叶长椭圆形至披针形，先端渐尖，基部锐形，缘有锯齿。总状花序顶生，萼筒钟状，花冠鲜黄色，钟形。蒴果线形。

【花果期】花期夏、秋季。

【产地】热带中美洲。

【繁殖】播种、扦插。

【应用】花色金黄，一年四季多次开花，是优良的观花灌木。本种树形较差，需整形修剪。在园林中常与其他观花树种配植，适合孤植、丛植或列植观赏。

瓜栗

Pachira aquatica

水瓜栗

木棉科瓜栗属

【识别要点】小乔木，高4～5m，树冠较松散。幼枝栗褐色。小叶5～1枚，具短柄或近无柄，长圆形至倒卵状长圆形，渐尖，基部楔形，全缘，中央小叶大，外侧小叶渐小。花单生枝顶叶腋；萼杯状，近革质，花瓣淡黄绿色，狭披针形至线形，上半部反卷；雄蕊管中的雄蕊束具多数花丝，下部黄色，向上变红色；花柱长于雄蕊，深红色。蒴果近梨形，果皮厚，木质，近黄褐色，种子大，呈不规则的梯状楔形。

【花果期】花期5～11月，果先后成熟。

【产地】墨西哥至哥斯达黎加。

【繁殖】播种、扦插。

【应用】株形美观奇特，花大美观，果黄褐色，均有较高的观赏价值。适合公园、小区、校园等群植或孤植美化环境，也可作行道树；种子可食用。

马拉巴栗

Pachira glabra
发财树
木棉科瓜栗属

【识别要点】小乔木，高可达8m。小叶5～9枚，具短柄，长圆形至倒卵状长圆形，先端尖，基部楔形，全缘，无毛；中央小叶较大，外侧小叶渐小。花单生枝顶叶腋，萼杯状；花瓣外面淡绿色，内面黄白色，狭披针形，反卷；雄蕊束分裂的细长花丝白色，稍短于雌蕊。蒴果近梨形，果皮厚，木质，绿色。

【花果期】花期5～11月，果先后成熟。
【产地】墨西哥至哥斯达黎加。
【繁殖】播种、扦插。

【应用】株形美观，花、叶、果均可观赏，耐荫性好，盆栽可用于客厅、办公室等摆放观赏，园林中常用作行道树或孤植于草地或路边；果皮未熟时可食，种子可炒食，也可榨油。

鱼木

Crateva formosensis

台湾鱼木、钝叶鱼木

山柑科鱼木属

【识别要点】乔木或灌木，高2～20m。小叶干后淡灰绿色至淡褐绿色，质地薄而坚实，不易破碎，两面稍异色，侧生小叶基部两侧很不对称，花枝上的小叶顶端渐尖至长渐尖，有急尖的尖头，营养枝上的小叶略大。伞房花序顶生，有花10～15朵；花瓣叶状，与萼片互生，花丝上部淡红色或微紫色。果球形至椭圆形，红色。

【花果期】花期6～7月；果期10～11月。

【产地】台湾、广东、广西及四川。生于海拔400m以下的沟谷或平地、低山水边或石山密林中。

【繁殖】扦插、压条。

【应用】花奇特美丽，每当仲夏，繁花满树。岭南地区有零星栽培，适于路边列植或草坪孤植或植于庭园一隅观赏。

海南苏铁 *Cycas hainanensis* 苏铁科苏铁属

【识别要点】常绿棕榈状木本植物。株高2～5m，茎粗壮。叶片多且长，簇生于茎顶，具叶60～80枚，叶长达2m；羽片60～75对，革质，深绿色，全缘。雌雄异株，雄花圆锥形，雌花扁球形。种子宽倒卵圆形。

【花果期】花期5～6月；果熟期秋季。

【产地】广东、海南。

【繁殖】播种、分蘖或扦插。

【应用】叶形美观，适合公园、绿地等植于路边、山石边或草地中观赏，也可盆栽用于室内绿化。

苏铁

Cycas revoluta
辟火蕉、凤尾蕉
苏铁科苏铁属

【识别要点】树干高约2m，稀达8m或更高，圆柱形如有明显螺旋状排列的菱形叶柄残痕。羽状叶从茎的顶部生出，下层的向下弯，上层的斜上伸展，整个羽状叶的轮廓呈倒卵状狭披针形，叶轴横切面四方状圆形，羽状裂片达100对以上，条形，厚革质，坚硬。雄球花圆柱形，雌球花球形，外观花色。种子红褐色或橘红色，倒卵圆形或卵圆形，稍扁。

【花果期】花期6～7月；种子10月成熟。
【产地】福建、台湾、广东。各地常有栽培。
【繁殖】播种、分株。

【应用】树形古朴，主干粗壮，坚硬似铁，特别是新发出的羽叶极为美丽，为珍贵观赏树种，岭南地区常见栽培。可植于庭前阶旁、园路边、山石边等处，也可作盆栽观赏。苏铁种子含淀粉，有微毒，忌食用。

青梅 *Vatica mangachapoi*

青皮、青楣

龙脑香科青梅属

【识别要点】乔木，具白色芳香树脂，高约20m。小枝被星状茸毛。叶革质，全缘，长圆形至长圆状披针形，先端渐尖或短尖，基部圆形或楔形。圆锥花序顶生或腋生，花瓣5枚，白色，有时为淡黄色或淡红色，芳香，长圆形或线状匙形。果实球形，增大的花萼裂片其中2枚较长。

【花果期】花期5～6月；果期8～9月。

【产地】海南。生于海拔700m以下丘陵、坡地林中。越南、泰国、菲律宾、印度尼西亚等也有。

【繁殖】播种。

【应用】树干通直，株形美观，为优良的景观树种，可用于草地中、园路边孤植或列植。

五桠果

Dillenia indica

第伦桃

五桠果科五桠果属

【识别要点】常绿乔木，高25m，胸径宽约1m。树皮红褐色，平滑，大块薄片状脱落。嫩枝粗壮。叶薄革质，矩圆形或倒卵状矩圆形，先端近于圆形，基部广楔形，不等侧。花单生于枝顶叶腋内，萼片5个，肥厚肉质，近于圆形，外侧有柔毛，花瓣白色，倒卵形。果实圆球形，不裂开，宿存萼片肥厚，种子压扁，边缘有毛。

【花果期】花期7～10月；果期10～12月。

【产地】云南省南部。喜生山谷溪旁水湿地带。也见于印度、斯里兰卡、印度尼西亚及中南半岛等地。

【繁殖】播种。

【应用】树形美观，花朵洁白雅致，可用于公园、绿地等作风景树或行道树；果成熟后酸甜可食。

柿 *Diospyros kaki*

柿树

柿树科柿属

【识别要点】落叶大乔木，通常高达10～14m，高龄老树高达27m。叶纸质，卵状椭圆形至倒卵形或近圆形，通常较大，先端渐尖或钝，基部楔形、钝、圆形或近截形，很少为心形。花雌雄异株，花序腋生，聚伞花序；雄花序有花3～5朵，花冠钟状，黄白色；雌花单生叶腋，花萼绿色，花冠淡黄白色或黄白色而带紫红色，壶形或近钟形。果形多种，有球形、扁球形、球形而略呈方形、卵形等。

【花果期】花期5～6月；果期9～10月。

【产地】原产我国长江流域，现全国广泛栽培。

【繁殖】嫁接法。

【应用】冠形优美，叶大荫浓，秋末冬初，经低温叶染红色，冬季落叶后，柿实殷红不落，一树满挂累累红果，极为美观，可用作风景树，孤植或三五株丛植效果均佳。

尖叶杜英

Elaeocarpus rugosus

长芒杜英、毛果杜英

杜英科杜英属

【识别要点】乔木，高达30m。树皮灰色，小枝粗壮。叶聚生于枝顶，革质，倒卵状披针形，先端钝，偶有短小尖头，中部以下渐变狭窄，基部窄而钝，或为窄圆形。总状花序生于枝顶叶腋内，有花5～14朵。萼片6片，狭窄披针形。花瓣倒披针形，内外两面被银灰色长毛，先端7～8裂。核果椭圆形，有褐色茸毛。

【花果期】花期7～9月；10～11月果熟。

【产地】云南南部、广东和海南。见于低海拔的山谷。中南半岛及马来西亚也有。

【繁殖】播种、扦插。

【应用】株形美观，开花繁密，洁白素雅，为岭南地区常见的绿化树种，多用作园景树、行道树及庭荫树，丛植、孤植皆宜。

水石榕

Elaeocarpus hainanensis
海南胆八树、水柳树
杜英科杜英属

【识别要点】小乔木，具假单轴分枝，树冠宽广。嫩枝无毛。叶革质，狭窄倒披针形，先端尖，基部楔形，幼时上下两面均秃净，老叶上面深绿色，下面浅绿色。总状花序生当年枝的叶腋内，有花～6朵；花较大，萼片5枚、披针形；花瓣白色，与萼片等长，倒卵形。核果纺锤形，两端尖，内果皮坚骨质。

【花果期】花期6～7月。

【产地】海南、广西及云南。喜生于低湿处及山谷水边。越南、泰国也有。

【繁殖】播种、扦插。

【应用】性强健，花繁茂，园林中常用于路边或水岸边栽培观赏，孤植或三五株丛植效果均佳。

蝴蝶果 *Cleidiocarpon cavaleriei*

猴果、山板栗

大戟科蝴蝶果属

【识别要点】乔木，高达25m。叶纸质，椭圆形，长圆状椭圆形或披针形，顶端渐尖，稀急尖，基部楔形。圆锥状花序，雄花7～13朵密集成的团伞花序，疏生于花序轴，雌花1～6朵，生于花序的基部或中部。果呈偏斜的卵球形或双球形，具微毛；种子近球形。

【花果期】5～11月。

【产地】贵州、广西、云南。生于海拔150～750（～1 000）m山地或石灰岩山的山坡或沟谷常绿林中。越南北部也有。

【繁殖】播种。

【应用】终年常绿，冠形佳，叶色美丽，花有一定的观赏性，在岭南地区可用作行道树或庭园绿化树。

潺槁木姜子

Litsea glutinosa
潺槁树
樟科木姜子属

【识别要点】常绿小乔木或乔木，高
～ 15m。叶互生，倒卵形、倒卵状长圆
彡或椭圆状披针形，先端钝或圆，基部
契形，钝或近圆，革质。伞形花序生于
丶枝上部叶腋，单生或几个生于短枝上，
每一花序有花数朵；花被不完全或缺。
果球形。

【花果期】花期5 ～ 6月；果期 9 ～ 10月。

【产地】广东、广西、福建及云南南部。生于海拔500 ～ 1 900m山地林缘、溪旁、
流林或灌丛中。越南、菲律宾、印度也有。

【繁殖】播种。

【应用】冠形美观，花繁密，可用作庭荫树或风景树，也适合用于造林。

仪花 *Lysidice rhodostegia*

单刀根

豆科仪花属

【识别要点】乔木或灌木，最高可达20m。小叶3～5对，纸质，长椭圆形或卵状披针形，先端尾状渐尖，基部圆钝。圆锥花序，萼裂片长圆形，暗紫红色。花瓣紫红色，阔倒卵形，先端圆而微凹。荚果倒卵状长圆形，基部2缝线不等长。种子2～7颗，长圆形。

【花果期】花期6～8月；果期9～11月。

【产地】广东、广西、云南。生于海拔500m以下的山地丛林中，常见于灌丛、路旁与山谷溪边。

【繁殖】播种。

【应用】株形美观，花繁密，小花极美丽，为优良的庭园绿化树种，孤植、列植效果均佳。

腊肠树

Cassia fistula
阿勃勒
豆科决明属

【识别要点】落叶小乔木或中等乔木，高可达15m。枝细长。有小叶3～4对，小叶对生，薄革质，阔卵形、卵形或长圆形，顶端短渐尖而钝，基部楔形，边全缘。总状花序疏散，下垂；花与叶同时开放，萼片长卵形，花瓣黄色，倒卵形，近等大。荚果圆柱形，黑褐色，不开裂，种子40～100颗。

【花果期】花期6～8月；果期10月。
【产地】原产印度、缅甸和斯里兰卡。我国南部和西南部地区均有栽培。
【繁殖】播种。

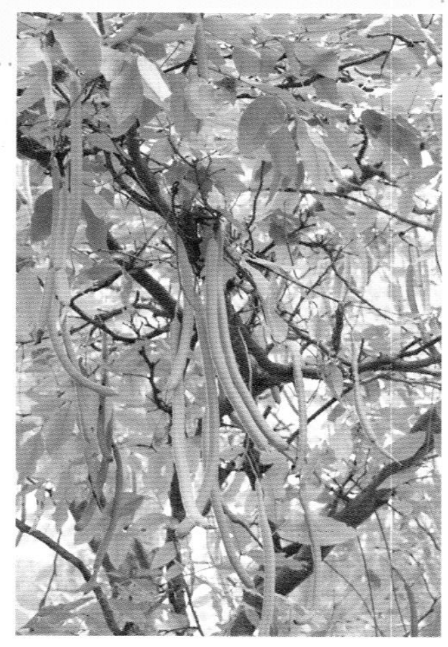

【应用】花色金黄，果似腊肠悬垂于枝间，观赏性佳，为著名观花乔木，园林中常用作行道树或风景树。

粉花决明

Cassia javanica

爪哇决明、粉花山扁豆、节果决

豆科决明属

【识别要点】常绿乔木。小枝纤细，下垂，薄被灰白色丝状绵毛。小叶6～13对，小叶长圆状椭圆形，近革质，顶端圆钝，微凹，边全缘。伞房状总状花序腋生，花瓣浅粉色或黄色，长卵形。荚果圆筒形。

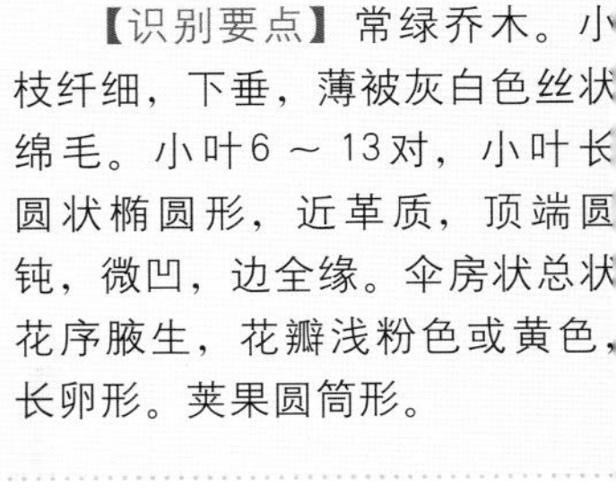

【花果期】花期5～6月；果期夏秋。

【产地】夏威夷群岛。

【繁殖】播种。

【应用】株形美观，花繁茂，花色雅致，在岭南地区积温不足，开花量少，适于路边、草地边缘种植，多作风景树或行道树，孤植于空旷地带景观效果极佳。

风凰木

Delonix regia
红花楹
豆科凤凰木属

【识别要点】高大落叶乔木，无刺，高达20m，胸径可达1m。树皮粗糙，灰褐色。树冠扁圆形，分枝多而开展。叶为2回偶数羽状复叶，羽片对生，小叶25对，密集对生，长圆形。伞房状总状花序顶生或腋生；花大而美丽，鲜红至橙红色，萼片5，里面红色，边缘绿黄色；花瓣5，匙形，红色，具黄及白色花斑，开花后向花萼反卷。荚果带形，扁平，种子20～40颗，横长圆形，平滑，坚硬。

【花果期】花期6～7月；果期8～10月。

【产地】原产马达加斯加。世界热带地区常栽种。我国云南、广西、广东、福建、台湾等地有栽培。

【繁殖】播种。

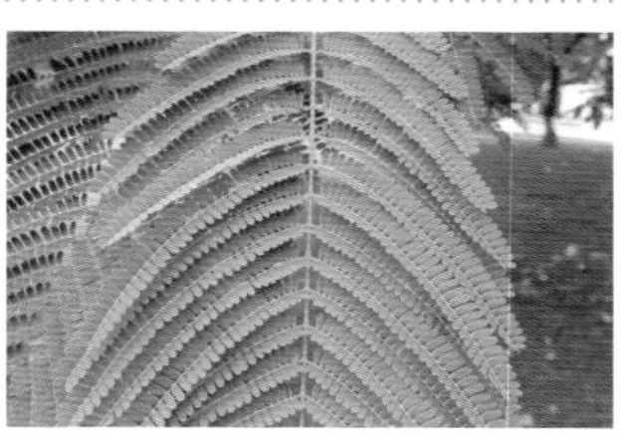

【应用】为世界著名的观赏树种，株形美观，花色艳丽，园林中常用作行道树或风景树，也是优良的庭荫树种；材质较轻，富有弹性和特殊木纹，可做家具；种子有毒，忌食。

龙牙花

Erythrina corallodendron
珊瑚刺桐
豆科刺桐属

【识别要点】灌木或小乔木，高3～5m。干和枝条散生皮刺。羽状复叶具3小叶；小叶菱状卵形，先端渐尖而钝或尾状，基部宽楔形。总状花序腋生，长可达30cm以上；花深红色。荚果长，种子多颗，深红色，有一黑斑。

【花果期】花期6～11月。
【产地】原产南美洲。我国华东、华南及西南等地有栽培。
【繁殖】扦插。

【应用】株形美观，花色艳丽，花序长，常用作风景树栽培观赏。

格木 *Erythrophleum fordii*

赤叶柴

豆科格木属

【识别要点】乔木，通常高约10m，有时可达30m。嫩枝和幼芽被铁锈色短柔毛。叶互生，2回羽状复叶，无毛；羽片通常3对，对生或近对生，每羽片有小叶8～12片；小叶互生，卵形或卵状椭圆形，先端渐尖，基部圆形，两侧不对称，边全缘。由穗状花序排成圆锥花序；萼钟状；花瓣5，淡黄绿色，长于萼裂片，倒披针形；雄蕊10枚，长为花瓣的2倍。荚果长圆形，扁平。

【花果期】花期5～6月；果期8～10月。

【产地】广西、广东、福建、台湾、浙江等地。生于山地密林或疏林中。越南也有。

【繁殖】播种。

【应用】株形美观，花繁密，适合孤植或列植于公园、风景区作风景树种，目前园林应用较少。为珍贵的材用树种，生长缓慢，木质坚固似铁，故称为“铁木”，为家具、造船的良好用材。

灰莉 *Fagraea ceilanica*

灰刺木、箐黄果

马钱科灰莉属

【识别要点】乔木，高达15m，有时附生于其他树上呈攀缘状灌木。树皮灰色。小枝粗厚，圆柱形。叶片稍肉质，干后变纸质或近革质，椭圆形、卵形、倒卵形或长圆形，有时长圆状披针形，顶端渐尖、急尖或圆而有小尖头，基部楔形或宽楔形。花单生或组成顶生二歧聚伞花序；花萼绿色，肉质，花冠漏斗状，质薄，稍带肉质，白色，芳香，裂片张开。浆果卵状或近圆球状，种子椭圆状肾形。

【花果期】花期夏季。

【产地】台湾、海南、广东、广西和云南南部。生于海拔500～1 800m山地密林中或石灰岩地区阔叶林中。东南亚等地也有。

【繁殖】扦插、播种。

【应用】性强健，多作灌木栽培，园林中常用于路边、草地边或墙垣边栽培观赏，也可作绿篱，常盆栽用于厅堂绿化。

紫薇

Lagerstroemia indica
痒痒树、百日红
千屈菜科紫薇属

【识别要点】落叶灌木或小乔木，高可达7m。树皮平滑，灰色或灰褐色。枝干多扭曲，小枝纤细。叶互生或有时对生，纸质，椭圆形、阔矩圆形或倒卵形，顶端短尖或钝形，有时微凹，基部阔楔形或近圆形。花淡红色或紫色、白色，常组成7～20cm的顶生圆锥花序；花瓣6，皱缩，雄蕊36～42，外面6枚着生于花萼上，比其余的长得多。蒴果椭圆状球形或阔椭圆形，幼时绿色至黄色，成熟时或干燥时呈紫黑色，室背开裂；种子有翅。

【花果期】花期6～9月；果期9～12月。

【产地】原产亚洲。现广植于热带地区。我国广东、广西、湖南、福建、江西、浙江、江苏、湖北、河南、河北、山东、安徽、陕西、四川、云南、贵州及吉林均有生长或栽培。

【繁殖】播种、扦插、高空压条。

【应用】花色鲜艳美丽，花期长，寿命长，树龄有达200年的，现已广泛栽培为庭园观赏树，也用作盆景。

九芎

Lagerstroemia subcostata
南紫薇
千屈菜科紫薇属

【识别要点】落叶乔木或灌木，高可达14m。树皮薄，灰白色或茶褐色。叶膜质，矩圆形至矩圆状披针形，稀卵形，顶端渐尖，基部阔楔形。花小，白色或玫瑰色，组成顶生圆锥花序，花密生；花瓣6，皱缩，有爪。蒴果椭圆形；种子有翅。

【花果期】花期6～8月；果期7～10月。

【产地】台湾、广东、广西、湖南、湖北、江西、福建、浙江、江苏、安徽、四川及青海等地。琉球群岛也有。

【繁殖】播种、扦插。

【应用】抗性好，耐寒，耐热，开花性好，有一定观赏价值，目前在园林应用较少，可引种用于公园、绿地、庭院等处绿化。

大花紫薇

Lagerstroemia speciosa
大叶紫薇
千屈菜科紫薇属

【识别要点】大乔木，高可达25m。树皮灰色，平滑。小枝圆柱形。叶革质，矩圆状椭圆形或卵状椭圆形，稀披针形，甚大，顶端钝形或短尖，基部阔楔形至圆形。花淡红色或紫色，花萼有棱12条，花瓣6，近圆形至矩圆状倒卵形。蒴果球形至倒卵状矩圆形，6裂；种子多数。

【花果期】主要花期夏季；果期10～11月。

【产地】原产斯里兰卡、印度、马来西亚、越南及菲律宾。我国华东、华南及西南地区有栽培。

【繁殖】播种、扦插。

【应用】花大色艳，花期长，极美丽，可用于庭院、社区及公园等孤植或列植观赏，也可作行道树。

香木莲

Manglietia aromatica

假木莲

木兰科木莲属

【识别要点】乔木，高达35m。树皮灰色，光滑。叶薄革质，倒披针状长圆形至倒披针形，先端短渐尖或渐尖，1/3以下渐狭至基部稍下延。花被片白色，11～12片，4轮排列，每轮3片，外轮3片，近革质，倒卵状长圆形，内数轮厚肉质，倒卵状匙形，基部成爪。聚合果鲜红色，近球形或卵状球形。

【花果期】花期5～6月；果期9～10月。

【产地】云南、广西。生于海拔900～1 600m的山地、丘陵常绿阔叶林中。

【繁殖】播种、扦插。

【应用】冠形宽广，花大芳香，果鲜艳夺目，具有较高的观赏价值，可用作庭荫树、风景树。

滇桂木莲

Manglietia forrestii
木兰科木莲属

【识别要点】乔木，高达25m。嫩枝、芽、叶柄、外轮花被片背面基部、花梗均被红褐色、平伏、有光泽的柔毛。叶革质，倒卵形至长圆状倒卵形，顶端急尖或渐尖，基部楔形或阔楔形，上面无毛，下面被散生红褐色竖起毛。花白色，芳香，花被片9（10），外轮3片长圆状倒卵形，背面基部被红褐色平伏柔毛，内两轮厚肉质，无毛，倒卵形，内轮3片较狭小。聚合果卵圆形，种子黑色。

【花果期】花期6月；果期9～10月。

【产地】云南西部及南部、广西西南部。生于海拔1 100～2 900m的林中。

【繁殖】播种。

【应用】冠形美，为优良的绿化树种，可用作风景树或行道树。

大果木莲

Manglietia grandis
大果木兰
木兰科木莲属

【识别要点】乔木，高达12m小枝粗壮，淡灰色，无毛。叶革质，椭圆状长圆形或倒卵状长圆形，先端钝尖或短突尖，基部阔楔形，两面无毛，上面有光泽。花红色，花被片12，外轮3片较薄，倒卵状长圆形，内3轮肉质，倒卵状匙形。聚合果长圆状卵圆形，成熟蓇葖沿背缝线及腹缝线开裂，顶端尖，微内曲。

【花果期】花期5月；果期9～10月。
【产地】广西、云南等地。生于海拔1 200m山谷密林中。
【繁殖】播种。

【应用】株形美观，花色艳丽，为优良观花植物，在园林中偶见，适合用作庭荫树、风景树或行道树。

红花木莲

Manglietia insignis
红色木莲
木兰科木莲属

【识别要点】常绿乔木，高达30m，胸径40cm。叶革质，倒披针形、长圆形或长圆状椭圆形，先端渐尖或尾状渐尖，自2/3以下渐窄至基部。花芳香，花梗粗壮，花被片9～12，外轮3片褐色，腹面染红色或紫红色，倒卵状长圆形，向外反曲，中内轮6～9片，直立，乳白色染粉红色，倒卵状匙形。聚合果鲜时紫红色，卵状长圆形；蓇葖背缝全裂，具乳头状突起。

【花果期】花期5～6月；果期8～9月。

【产地】湖南、广西、四川、贵州、云南、西藏。生于海拔900～1 200m的林间。尼泊尔、印度东北部、缅甸北部也有。

【繁殖】播种。

【应用】花色美丽，为优良观花植物，可用作庭荫树或风景树，列植、孤植效果均佳。

荷花玉兰

Magnolia grandiflora
洋玉兰、广玉兰
木兰科木兰属

【识别要点】常绿乔木，在原产地高达30m。树皮淡褐色或灰色，薄鳞片状开裂。叶厚革质，椭圆形、长圆状椭圆形或倒卵状椭圆形，先端钝或短钝尖，基部楔形，叶面深绿色，有光泽。花白色，有芳香，花被片9～12，厚肉质，倒卵形，花丝扁平，紫色。蓇葖背裂，背面圆，顶端外侧具长喙；种子近卵圆形或卵形。

【花果期】花期5～6月；果期9～10月。
【产地】原产北美洲东南部。我国长江流域以南各城市有栽培。
【繁殖】播种、高空压条或嫁接。

【应用】花大洁白，香气浓郁，早年由广州引入，现多用作风景树、行道树或庭荫树，列植或孤植均可。

白兰 *Michelia alba*

白兰花、白玉兰
木兰科含笑属

【识别要点】常绿乔木，高达17m，枝广展，呈阔伞形树冠。叶薄革质，长椭圆形或披针状椭圆形，先端长渐尖或尾状渐尖，基部楔形，上面无毛，下面疏生微柔毛。花白色，极香；花被片10，披针形。蓇葖熟时鲜红色。

【花果期】花期6～10月。
【产地】原产印度尼西亚爪哇。现广植于东南亚。我国南方广泛栽培。
【繁殖】高空压条或嫁接。

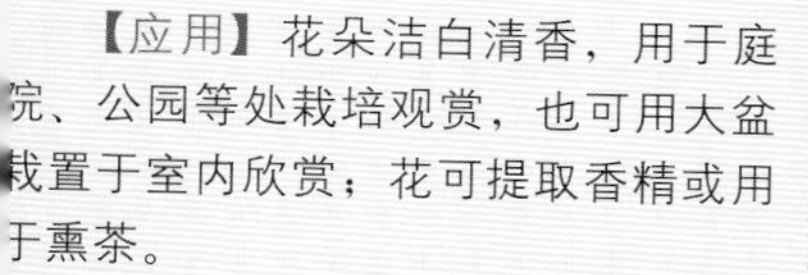

【应用】花朵洁白清香，用于庭院、公园等处栽培观赏，也可用大盆栽置于室内欣赏；花可提取香精或用于熏茶。

黄兰

Michelia champaca
黄玉兰、黄缅桂
木兰科含笑属

【识别要点】常绿乔木，高达十几米。枝斜上展，呈狭伞形树冠。叶薄革质，披针状卵形或披针状长椭圆形，先端长渐尖或近尾状，基部阔楔形或楔形。花黄色，极香，花被片15～20片，倒披针形。聚合果；蓇葖倒卵状长圆形。

【花果期】花期6～7月；果期9～10月。

【产地】西藏、云南、福建、台湾、广东、海南、广西。印度、尼泊尔、缅甸、越南也有。

【繁殖】播种、高空压条或嫁接。

【应用】树形优美，花色金黄，具芳香，极美丽，可用于公园、居民区、校园等处绿化观赏，适合家庭盆栽观赏；花可提取芳香油或用于熏茶，也可入药。

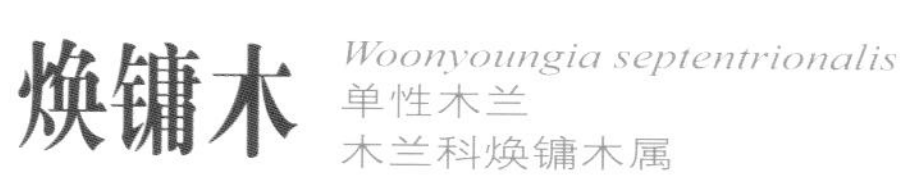

焕镛木

Woonyoungia septentrionalis

单性木兰

木兰科焕镛木属

【识别要点】乔木，高18m，树皮灰色。小枝绿色，最初贴伏短柔毛。叶片椭圆形长圆形到倒卵形长圆形，革质，两面无毛或幼时背面基部疏生柔毛，正面绿色、有光泽。雄花花被片白色或淡绿色，外部3枚花被片倒卵形，内部花被片2轮、椭圆形、稍狭小；雌花外部枚花被片倒卵形，内轮8～10枚花被片狭卵形。果实成熟时红色，近球形。

【花果期】花期5～6月；果期10～11月。

【产地】贵州东南部，云南东南部。生于海拔300～600m石灰石小山、森林中。

【繁殖】播种。

【应用】本种是为纪念著名植物分类学家陈焕镛先生而命名，为国家一级保护植物，可用于庭园、风景区等绿化。

黄槿 *Hibiscus tiliaceus*

盐水面头果、海麻

锦葵科木槿属

【识别要点】常绿乔木或灌木，高4～10m。树皮灰白色。小枝无毛或近于无毛。叶革质，近圆形或广卵形，先端突尖，有时短渐尖，基部心形，全缘或具不明显细圆齿，上面绿色，下面密被灰白色星状柔毛。花序顶生或腋生，常数花排列成聚伞花序，萼裂5，披针形，花冠钟形，花瓣黄色，内面基部暗紫色，倒卵形。蒴果卵圆形，果片5，木质，种子光滑，肾形。

【花果期】花期6～8月。

【产地】台湾、广东、福建等地。越南、柬埔寨、老挝、缅甸、印度、印度尼西亚、马来西亚及菲律宾等热带国家也有。

【繁殖】播种、扦插。

【应用】花大而美丽，适合作海滨的防风树种，也可作行道树，列植、孤植效果均佳；树皮纤维可作绳索；嫩枝叶可作蔬菜；木材耐腐，可用于造船及家具等。

水翁

Cleistocalyx operculatus

水榕

桃金娘科水翁属

【识别要点】乔木，高15m。树皮灰褐色，颇厚，树干多分枝。叶片薄革质，长圆形至椭圆形，先端急尖或渐尖，基部阔楔形或略圆，两面多透明腺。圆锥花序生于无叶的老枝上，2～3朵簇生；花蕾卵形，萼管半球形，先端有短喙。浆果阔卵圆形，成熟时紫黑色。

【花果期】花期5～6月。

【产地】广东、广西及云南等地。喜生水边。中南半岛、印度、马来西亚、印度尼西亚及大洋洲等地也有。

【繁殖】扦插、播种。

【应用】株形美观，性强健，易栽培，抗性佳，适合园路、庭园等列植或孤植欣赏。

喜树 *Camptotheca acuminata*

旱莲木、千丈树

蓝果树科喜树属

【识别要点】落叶乔木，高达20m。树皮灰色或浅灰色，纵裂成浅沟状。小枝圆柱形，平展。叶互生，纸质，矩圆状卵形或矩圆状椭圆形，顶端短锐尖，基部近圆形或阔楔形，全缘。头状花序近球形，常由2～9个头状花序组成圆锥花序，顶生或腋生，通常上部为雌花序，下部为雄花序，花杂性，同株；花萼杯状，5浅裂，花瓣5枚，淡绿色，矩圆形或矩圆状卵形。翅果矩圆形，成近球形的头状果序。

【花果期】花期5～7月；果期9月。

【产地】江苏、浙江、福建、江西、湖北、湖南、四川、贵州、广东、广西、云南等地。常生于海拔1 000m以下的林边或溪边。

【繁殖】播种。

【应用】树干挺直，生长迅速，可作为庭荫树或行道树，树根可作药用。

桄榔

Arenga pinnata
砂糖椰子、糖棕
棕榈科桄榔属

【识别要点】乔木状，茎较粗壮，高约5m。叶羽片呈2列排列，线形，顶端呈不整齐的啮蚀状齿或2裂，上面绿色，背面苍白色。花序腋生，序梗下弯，分枝多，佛焰苞多个；花萼、花瓣各3片。果实球形。

【花果期】花期6月；果实一般在开花后2～3年成熟。

【产地】云南、西藏、广西、海南。中南半岛及东南亚一带也有。

【繁殖】播种。

【应用】株形美观，叶大青绿，可用于路边、草坪中孤植或群植观赏，也适合用于棕榈专类园。

董棕 *Caryota obtusa*

钝齿鱼尾葵、酒假桄榔、果榜

棕榈科鱼尾葵属

【识别要点】乔木状，高5～25m。茎黑褐色，膨大或不膨大成花瓶状。叶长5～7m，宽3～5m，弓状下弯；羽片宽楔形或狭的斜楔形，幼叶近革质，老叶厚革质，最下部的羽片紧贴于分枝叶轴的基部，边缘具规则的齿缺，基部以上的羽片渐成狭楔形，外缘笔直，内缘斜伸或弧曲成不规则的齿缺，且延伸成尾状渐尖。花序具多数、密集的穗状分枝花序，雄花萼片近圆形，花丝短，近白色，雌花与雄花相似，但花萼稍宽。果实球形至扁球形，成熟时红色。

【花果期】6～10月。

【产地】广西、云南等地。生于海拔370～1 500（～2 450）m的石灰岩山地区或沟谷林中。印度、斯里兰卡、缅甸至中南半岛也有。

【繁殖】播种。

【应用】树形美观，为优良的绿化树种，三五株群植及孤植效果均佳，适合园路边、草地中种植观赏。董棕的果实成熟后，劈开树干，取出中心的髓部，经过研磨，过滤，洗涤，晾干，取得西米粉，可制作糕点、汤及布丁等。其幼树茎尖可作蔬菜。

鱼尾葵

Caryota ochlandra

长穗鱼尾葵、单生鱼尾葵

棕榈科鱼尾葵属

【识别要点】乔木状，高10～15m。叶最上部的羽片大、楔形，侧边的羽片小、半菱形，外缘笔直，内缘上半部或1/4以上弧曲成不规则的齿缺，且延伸成短尖或尾尖。花序具多数穗状的分枝花序，雄花花瓣黄色。果实球形，成熟时红色。

【花果期】花期5～7月；果期8～11月。

【产地】云南、广西、广东、海南、福建等地。

【繁殖】播种。

【应用】株形美观，叶形奇特，状似鱼尾，适合公园、绿地等用作风景树，也可用作行道树；树干髓心含淀粉，可食用；白色嫩茎尖可作蔬菜食用。

石榴

Punica granatum
丹若、若榴木
石榴科石榴属

【识别要点】落叶灌木或乔木，高通常3～5m，稀达10m。枝顶常成尖锐长刺，幼枝具棱角。叶通常对生，纸质，矩圆状披针形，顶端短尖、钝尖或微凹，基部短尖至稍钝形，上面光亮，侧脉稍细密。花大，1～5朵生枝顶，通常红色或淡黄色，裂片略外展，卵状三角形，花瓣通常大，红色、黄色或白色。浆果近球形，通常为淡黄褐色或淡黄绿色，有时白色，稀暗紫色。种子多数。

【花果期】花期6～7月；果期9～10月。

【产地】原产巴尔干半岛至伊朗及其邻近地区。全世界的温带和热带都有种植。

【繁殖】播种、扦插或高空压条。

【应用】可分为果石榴及花石榴两类，目前园林中应用的多为花石榴，是叶、花、果兼优的庭园树种，常用于路边、假山石边、墙垣边或一隅孤植或丛植栽培观赏；对二氧化硫和氯气等有害气体有较强的抗性。

团花

Neolamarckia cadamba
黄梁木
茜草科团花属

【识别要点】落叶大乔木，高达30m。树干通直，基部略有板状根；树皮薄，灰褐色。叶对生，薄革质，椭圆形或长圆状椭圆形，顶端短尖，基部圆形或截形。头状花序单个顶生，花萼管无毛，萼裂片长圆形，被毛；花冠黄白色，漏斗状，无毛，花冠裂片披针形。果序成熟时黄绿色；种子近三棱形，无翅。

【花果期】6～11月。

【产地】广东、广西和云南。生于山谷溪旁或杂木林下。越南、马来西亚、缅甸、印度和斯里兰卡也有。

【繁殖】播种。

【应用】株形美观，花序大，观赏性强。本种为著名速生树种，适合用作行道树或风景树。

檀香

Santalum album
檀香树、真檀
檀香科檀香属

【识别要点】常绿小乔木，高约10m。枝圆柱状，灰褐色；小枝细长，淡绿色。叶椭圆状卵形，膜质，顶端锐尖，基部楔形或阔楔形，多少下延，边缘波状，稍外折，背面有白粉。三歧聚伞式圆锥花序腋生或顶生，花被4裂，裂片卵状三角形，内部初时绿黄色，后呈深棕红色。核果，外果皮肉质多汁，成熟时深紫红色至紫黑色。

【花果期】花期5～6月；果期7～9月。
【产地】原产太平洋岛屿。
【繁殖】扦插、播种。

【应用】为著名香料植物。树干心材有强烈香气，是贵重的药材和名贵香料，也是雕刻工艺的良材，还用作香水的定香剂。现广东、海南等地栽培较多，园林中有少量种植，可用作风景树或科普教育材料。

复羽叶栾树 *Koelreuteria bipinnata*

无患子科栾树属

【识别要点】乔木，高可达20m。皮孔圆形至椭圆形。枝具小疣点。叶平展，2回羽状复叶，小叶9～17片，互生，很少对生，纸质或近革质，斜卵形，顶端短尖至短渐尖，基部阔楔形或圆形，略偏斜，边缘有内弯的小锯齿。圆锥花序大型，分枝广展，萼5裂达中部，花瓣4，长圆状披针形。蒴果椭圆形或近球形，具3棱，淡紫红色，老熟时褐色，种子近球形。

【花果期】花期7～9月；果期8～10月。

【产地】云南、贵州、四川、湖北、湖南、广西、广东等地。生于海拔400～2 500m的山地疏林中。

【繁殖】播种。

【应用】花色金黄，果实美丽，均可观赏，目前园林中较少应用，可植于公园、绿地、景区等地，孤植、列植效果均佳。

滨木患 *Arytera littoralis*

无患子科滨木患属

【识别要点】常绿小乔木或灌木，高3～10m，很少达13m。小枝圆柱状。小叶2或3对，很少4对，近对生，薄革质，长圆状披针形至披针状卵形，顶端骤尖，钝头，基部阔楔形至近圆钝。花序常紧密多花，花芳香，花瓣5，与萼近等长，花盘浅裂。蒴果的发育果爿椭圆形，红色或橙黄色；种子枣红色。

【花果期】花期夏初；果期秋季。

【产地】云南、广西、广东、海南。生于低海拔地区的林中或灌丛中。广布于亚洲东南部，向南至伊里安岛。

【繁殖】播种。

【应用】抗性强，花观赏性一般，多用作园林绿化树种，可用于公园、绿地丛植或孤植栽培。

大花曼陀罗

Brugmansia arborea
木本曼陀罗
茄科木曼陀罗属

【识别要点】小乔木，高2m。茎粗壮，上部分枝。叶卵状披针形、矩圆形或卵形，顶端渐尖或急尖，基部不对称楔形或宽楔形，全缘、微波状或有不规则缺刻状齿。花单生，俯垂，花冠白色，脉纹绿色，长漏斗状，筒中部以下较细而向上渐扩大成喇叭状，檐部裂片有长渐尖头。浆果状蒴果，表面平滑，广卵状。

【花果期】花期6～10月。

【产地】原产美洲热带。我国北京、青岛等市有栽培，冬季放在温室；福州、广州等市及云南西双版纳等地区则终年可在户外栽培生长。

【繁殖】扦插或播种。

【应用】花大芳香，极美丽，园林中常孤植或群植于坡地、池边、岩石旁及林缘下栽培观赏，也适合大型盆栽；全株有毒，花与种子毒性最强，要防止儿童误食。

木荷

Schima superba
荷树、荷木
山茶科木荷属

【识别要点】大乔木，高25m。嫩枝通常无毛。叶革质或薄革质，椭圆形，先端尖锐，有时略钝，基部楔形，上面干后发亮，下面无毛。花生于枝顶叶腋，常多朵排成总状花序，白色，萼片半圆形，花瓣最外1片风帽状，边缘多少有毛。果实为蒴果。

【花果期】花期6～8月；果期9～11月。

【产地】浙江、福建、台湾、江西、湖南、广东、海南、广西、贵州。

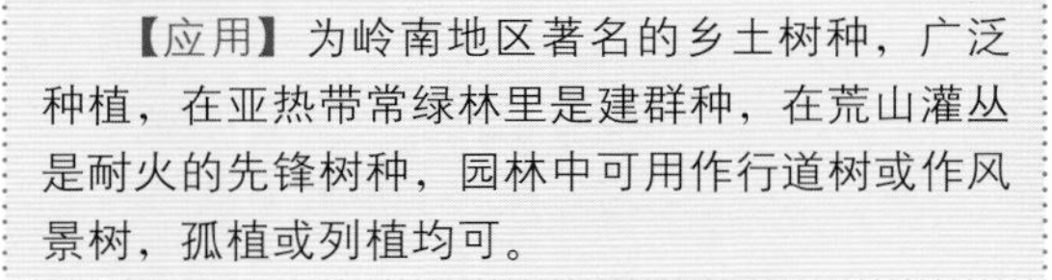

【应用】为岭南地区著名的乡土树种，广泛种植，在亚热带常绿林里是建群种，在荒山灌丛是耐火的先锋树种，园林中可用作行道树或作风景树，孤植或列植均可。

厚皮香

Ternstroemia gymnanthera
红柴
山茶科厚皮香属

【识别要点】灌木或小乔木，高.5 ~ 10m，有时达15m。全株无毛。树皮灰褐色，平滑。叶革质或薄革质，通常聚生于枝端，呈假轮生状，椭圆形、椭圆状倒卵形至长圆状倒卵形，顶端短渐尖或急窄缩成短尖，尖头钝，基部楔形，边全缘，稀有上半部疏生浅疏齿。花两性或单性，通常生于当年生无叶的小枝上或生于叶腋，两性花，萼片5，卵圆形或长圆卵形，花瓣，淡黄白色，倒卵形。果实圆球形，种子肾形，每室1个，成熟时肉质假种皮红色。

【花果期】花期5 ~ 7月；果期8 ~ 10月。

【产地】安徽、浙江、江西、福建、湖北、湖南、广东、广西、云南、贵州以及四川等省区。多生于海拔200 ~ 2 800m的山地林中、林缘路边或近山顶疏林中。分布于越南、老挝、泰国、柬埔寨、尼泊尔、不丹及印度。

【繁殖】播种、扦插。

【应用】适应性强，树冠浑圆，小花观赏性强，适合公园、绿地等路边、草地中或林缘处栽培观赏，也可用于山茶科植物专类园种植。

鸟尾花

Crossandra infundibuliformis
半边黄、十字爵床
爵床科十字爵床属

【识别要点】多年生常绿小灌木，植株矮性，株高20～40cm。茎直立，多分枝。叶对生，阔披针形，全缘或波状缘。穗状花序生于枝顶，花橙色或橙红色。果实为蒴果。

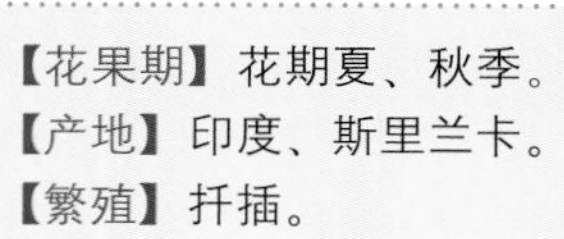

【花果期】花期夏、秋季。
【产地】印度、斯里兰卡。
【繁殖】扦插。

黄鸟尾花

【应用】本种花奇特美丽，花期长，易栽培，可用于路边、草地边缘、水岸边或花坛绿化，也可用于庭院栽培或盆栽。常见栽培的有黄鸟尾花（*Crossandra nilotica*）。

银脉单药花

Aphelandra squarrosa
银脉爵床
爵床科单药花属

【识别要点】多年生草本或灌木。叶大，先端尖，叶片深绿色有光泽，叶面具有明显的白色条纹状叶脉，叶缘波状。花顶生或腋生，金黄色。苞片很大，覆瓦状。

【花果期】花期6～7月；果期8月。
【产地】美洲的热带和亚热带地区。
【繁殖】扦插。

【应用】叶色清雅，花美丽，为优良的观叶观花植物，适合公园、风景区或庭院的路边、花坛等处与其他观花植物配植，也可用于花境，盆栽适合案头、卧室、客厅等摆放观赏。

红花芦莉草

Ruellia elegans
艳芦莉
爵床科蓝花草属

【识别要点】常绿小灌木，株高60～90cm。叶绿色，对生，椭圆状披针形或长卵圆形，微卷，先端渐尖，基部楔形。花腋生，花冠筒状，5裂，鲜红色。果实为蓇葖果。

【花果期】花期夏、秋季。
【产地】巴西。
【繁殖】扦插。

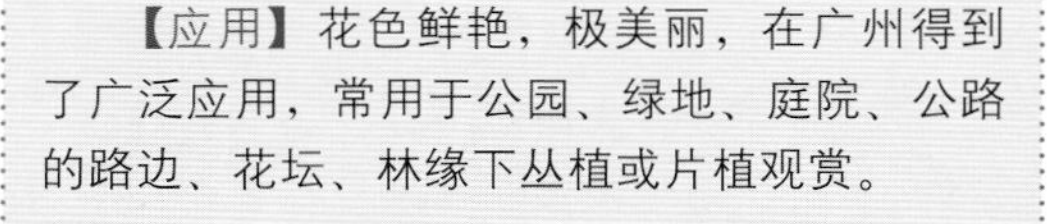

【应用】花色鲜艳，极美丽，在广州得到了广泛应用，常用于公园、绿地、庭院、公路的路边、花坛、林缘下丛植或片植观赏。

黄蝉

Allemanda neriifolia
黄兰蝉
夹竹桃科黄蝉属

【识别要点】直立灌木，高1～2m，具乳汁。叶3～5枚轮生，全缘，椭圆形或倒卵状长圆形，先端渐尖或急尖，基部楔形，叶面深绿色。聚伞花序顶生；花橙黄色，花萼深5裂，裂片披针形，花冠漏斗状，内面具红褐色条纹，花冠下部圆筒状，基部膨大，花喉向上扩大成冠檐，冠檐顶端5裂，花冠裂片向左覆盖，裂片卵圆形或圆形。蒴果球形，具长刺，种子扁平。

【花果期】花期5～8月；果期11～12月。
【产地】原产巴西。现广植于热带地区。
【繁殖】扦插、播种。

【应用】花色金黄，明艳可爱，为优良观花灌木，适合与观花乔灌木配植，可植于路边、墙垣边或林缘下栽培观赏；植株乳汁有毒，人畜中毒会刺激心脏，循环系统及呼吸系统受阻。

夹竹桃

Nerium oleander

欧夹竹桃、柳叶桃

夹竹桃科夹竹桃属

【识别要点】常绿直立大灌木，高达5m。枝条灰绿色，嫩枝条具棱。叶3～4枚轮生，下枝为对生，窄披针形，顶端急尖，基部楔形，叶缘反卷，叶面深绿，无毛，叶背浅绿色。聚伞花序顶生，着花数朵；花芳香；花萼5深裂，红色，披针形，花冠深红色或粉红色，栽培演变有白色或黄色，花冠为单瓣呈5裂时，其花冠为漏斗状，花冠喉部具5片宽鳞片状副花冠，每片其顶端撕裂，并伸出花冠喉部之外，花冠裂片倒卵形，花冠为重瓣呈15～18枚时，裂片组成3轮，内轮为漏斗状，外面2轮为辐状。蓇葖2，离生，平行或并连，种子长圆形。

【花果期】花期几乎全年，夏、秋最盛；果期冬、春两季。

【产地】地中海沿岸、伊朗、印度及尼泊尔，现广植于世界热带地区。

【繁殖】扦插。

【应用】性强健，耐寒性好，可耐0℃左右的低温。在我国长江流域及以南地区常见应用，多用于公路、园路边等丛植观赏，大型盆栽可用于装饰客厅或阳台；叶、皮、根、花、种子含有多种糖苷，毒性强，人、畜误食可致死。

狗牙花 *Tabernaemontana divaricata*

白狗牙、豆腐花

夹竹桃科狗牙花属

【识别要点】灌木，通常高达3m。枝和小枝灰绿色，有皮孔。叶坚纸质，椭圆形或椭圆状长圆形，短渐尖，基部楔形，叶面深绿色，背面淡绿色。聚伞花序腋生，通常双生，近小枝端部集成假二歧状，着花6～10朵，重瓣；花萼萼片长圆形，边缘有缘毛，花冠白色。蓇葖果极叉开或外弯；种子3～6个，长圆形。

【花果期】花期6～11月；果期秋季。

【产地】我国南部沿海诸省。

【繁殖】扦插、高空压条。

【应用】为常见栽培的观花灌木，花朵洁白素雅，具芳香，多用于庭园的路边、水岸边或一隅栽培观赏。

气球果 *Gomphocarpus physocarpus*

唐棉、钝钉头果

萝藦科钉头果属

【识别要点】灌木，具乳汁。茎具微毛。叶线形，顶端渐尖，基部渐狭而成叶柄，无毛，叶缘反卷；侧脉不明显。聚伞花序生于枝的顶端叶腋间，着花多朵；花萼裂片披针形，花蕾圆球状；花冠宽卵圆形或宽椭圆形，反折，被缘毛；副花冠淡红色，兜状。蓇葖肿胀，卵圆状，端部渐尖而成喙，长5～6cm，直径约3cm，外果皮具软刺，刺长1cm；种子卵圆形，顶端具白色绢质种毛。

【花果期】花期夏季；果期秋季。

【产地】原产地中海沿岸。现欧洲各地有栽培。我国华北及云南栽培作药用。

【繁殖】播种、扦插。

【应用】果奇特，似气球，故名。花果均有观赏价值，适合草地边缘、路边、假山石旁栽培观赏，也是庭院栽培的优良材料，也可作切枝。

彗星球兰

Hoya multiflora

流星球兰、蜂出巢、飞凤花

萝藦科球兰属

【识别要点】直立或附生蔓性灌木。除花冠喉内部外，全株无毛。叶坚纸质，椭圆状长圆形，侧脉不明显。聚伞花序腋外生或顶生，向下弯，着花10～15朵；花萼内面基部有5～6个腺体；花冠黄白色，5深裂，开放后强度反折，花冠喉部具长硬毛；副花冠5裂，裂片披针形。蓇葖单生，线状披针形，种子卵形。

【花果期】花期夏季；果期10～12月。

【产地】云南、广西和广东（栽培）。生长于山地水旁、山谷林中或旷野灌木丛中，常附生于树上。缅甸、越南、老挝、柬埔寨、马来西亚、印度尼西亚、菲律宾也有。

【繁殖】扦插。

【应用】花极为奇特，似流星划过夜空，为观赏性极高的观花植物，在华南地区有少量引种，目前多用于观赏温室栽培。

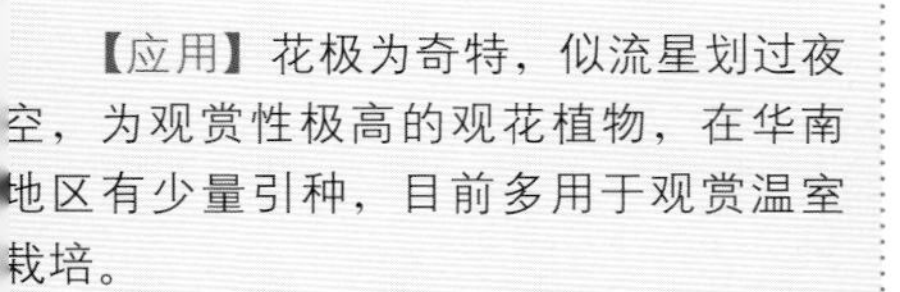

竹节秋海棠

Begonia maculata
美丽秋海棠
秋海棠科秋海棠属

【识别要点】半灌木，株高50～100cm。叶偏歪的长椭圆状卵形，叶表面绿色，有多数白色小圆点；叶背面红色，边缘波浪状。花序梗下垂，花暗红或白色。果实为蒴果。

【花果期】夏至秋。
【产地】巴西。
【繁殖】扦插。

【应用】叶形美观，花秀丽，适合公园、庭院等稍庇荫处栽培观赏，也可盆栽。

红木

Bixa orellana
胭脂树、胭脂木
红木科红木属

【识别要点】常绿灌木或小乔木，高2～10m。枝棕褐色，密被红棕色短腺毛。叶心状卵形或三角状卵形，先端渐尖，基部圆形或几截形，有时略呈心形，边缘全缘。圆锥花序顶生，花较大；萼片5，倒卵形；花瓣5，倒卵形，粉红色。蒴果近球形或卵形；种子多数，倒卵形，暗红色。

【花果期】花期夏、秋；果期秋、冬。
【产地】热带美洲。云南、广东、福建、台湾、海南等地有栽培。
【繁殖】播种、高空压条。

【应用】叶色翠绿，花色淡雅，果实红艳，挂果时间极长，为优良的观花、观果植物，适合庭院、公园、办公场所等丛植、孤植或列植于路边、池畔观赏。种皮可做染料，供染果点及纺织物。

昙花

Epiphyllum oxypetalum
月下美人
仙人掌科昙花属

【识别要点】附生肉质灌木，高2～6m。老茎圆柱状，木质化，分枝多数。叶状茎侧扁，披针形至长圆状披针形，先端长渐尖至急尖，或圆形，边缘波状或具深圆齿，基部急尖、短渐尖或渐狭成柄状，深绿色。叶退化。花单生于枝侧的小窠，漏斗状，于夜间开放，芳香，萼状花被片绿白色、淡琥珀色色或带红晕；瓣状花被片白色，倒卵状披针形至倒卵形，花丝白色。浆果长球形，具纵棱脊。

【花果期】花期夏季，可多次开花；果期秋冬季。

【产地】原产墨西哥、危地马拉、洪都拉斯、尼加拉瓜、苏里南和哥斯达黎加。世界各地广泛栽培。

【繁殖】扦插。

【应用】花大美丽，开花时间极短，昙花一现，我国南北各地多盆栽于阳台、天台或室内观赏，也可用于多浆植物专类园；花可食，可用于煲汤。

珊瑚树

Viburnum odoratissimum
极香荚蒾、早禾树
忍冬科荚蒾属

【识别要点】常绿灌木或小乔木，高达10（～15）m。枝灰色或灰褐色。叶革质，椭圆形至矩圆状倒卵形，顶端短尖，基部宽楔形，边缘上部有不规则浅波状锯齿或近全缘。圆锥花序顶生或生于侧生短枝上，宽尖塔形，无毛或散生簇状毛；花芳香，通常生于序轴的第2～3级分枝上，萼筒钟形；花冠白色，后变黄白色，有时微红，辐射状。果实先红色后变黑色，卵圆形或卵状椭圆形，核卵状椭圆形，浑圆。

【花果期】花期5～6月；果期9～10月。

【产地】福建、湖南、广东、海南及广西。生于海拔200～1 300m的山谷密林中溪涧荫蔽处、疏林中或灌丛中。东南亚也有。

【繁殖】扦插、播种。

【应用】花芳香，果艳丽，为优良的观花观果植物，适合路边、墙边等列植栽培观赏，也可整修成绿篱、花墙欣赏。

美丽口红花

Aeschynanthus speciosus
翠锦口红花
苦苣苔科芒毛苣苔属

【识别要点】多年附生灌木。肉质叶对生，卵状披针形，顶端尖，具短柄。伞形花序生于茎顶或叶腋间，小花管状，弯曲，橙黄色，花冠基部绿色，柱头和花药常伸出花冠之外。蒴果线形。

【花果期】花期7～9月。
【产地】爪哇。
【繁殖】扦插。

【应用】色泽艳丽，花形奇特，常作盆栽，适合陈设于客厅、卧室、办公室等处观赏。

金丝桃

Hypericum monogynum
金丝海棠、金丝莲
藤黄科金丝桃属

【识别要点】灌木，高0.5～1.3m，丛状或通常有疏生的开张枝条。茎红色，皮层橙褐色。叶对生，叶片倒披针形或椭圆形至长圆形，稀为披针形至卵状三角形，先端锐尖至圆形，通常具细小尖突，基部楔形至圆形。花序具1～15（～30）花，疏松的近伞房状，花蕾卵珠形，先端近锐尖。萼片宽或狭椭圆形，先端锐尖至圆形，边缘全缘。花瓣金黄色至柠檬黄色，无红晕，开张。雄蕊5束，每束有雄蕊25～35枚，与花瓣几等长。蒴果宽卵珠形至近球形，种子深红褐色。

【花果期】花期5～8月；果期8～9月。

【产地】河北、陕西、山东、江苏、安徽、浙江、江西、福建、台湾、河南、湖北、湖南、广东、广西、四川及贵州等地。生于沿海海拔1 500m以下山坡、路旁或灌丛中。

【繁殖】播种、扦插或分株。

【应用】开花繁茂，花色明快，在岭南地区较少应用，可用于公园、绿地、风景区等绿化，丛植或群植均可。

金凤花

Caesalpinia pulcherrima
洋金凤
豆科云实属

【识别要点】大灌木或小乔木。枝光滑，绿色或粉绿色，散生疏刺。2回羽状复叶；羽片4～8对，对生，小叶7～11对，长圆形或倒卵形，顶端凹缺，有时具短尖头，基部偏斜。总状花序近伞房状，顶生或腋生，疏松，萼片5，花瓣橙红色或黄色，圆形，边缘皱波状，柄与瓣片几乎等长；花丝红色，远伸出于花瓣外。荚果狭而薄，不开裂，成熟时黑褐色，种子6～9颗。

【花果期】花果期几乎全年。主要花期夏季；果期10～11月。
【产地】云南。生于海拔1 900～2 300m山坡混交林下潮湿处或草丛中。
【繁殖】播种。

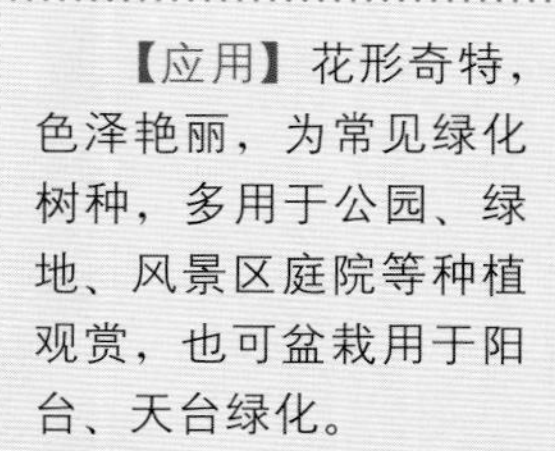

【应用】花形奇特，色泽艳丽，为常见绿化树种，多用于公园、绿地、风景区庭院等种植观赏，也可盆栽用于阳台、天台绿化。

苏里南朱缨花

Calliandra surinamensis

小朱缨花

豆科朱缨花属

【识别要点】半落叶灌木，分枝多。2回羽状复叶，小叶长椭圆形。头状花序多数，复排成圆锥状，雄蕊多数，下部白色，上部分红色。荚果线形。

【花果期】主要花期夏季，春季、秋季也可见花。

【产地】巴西及苏里南岛。

【繁殖】播种、扦插。

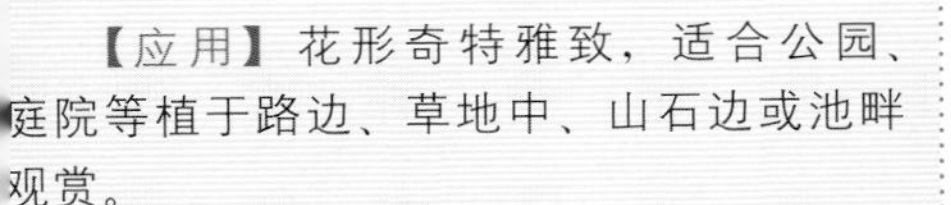

【应用】花形奇特雅致，适合公园、庭院等植于路边、草地中、山石边或池畔观赏。

翅荚决明

Senna alata
翅荚槐
豆科山扁豆属

【识别要点】多年生常绿灌木，株高1～3m。叶互生，偶数羽状复叶，小叶倒卵状长圆形或长椭圆形。总状花序顶生或腋生，具长梗，花冠黄色。荚果带形。

【花果期】几乎全年见花，以夏为最盛。
【产地】原产美洲热带地区。现广布于全世界热带地区。
【繁殖】播种、扦插。

【应用】花形奇特，色泽明快，花期长，园林中常丛植于路边、亭廊边或水岸边观赏，也可用于庭院一隅或墙垣边栽培观赏。

夜合

Lirianthe coco
夜香木兰
木兰科长喙木兰属

【识别要点】常绿灌木或小乔木，高2～4m。全株各部无毛，树皮灰色，小枝绿色。叶革质，椭圆形、狭椭圆形或倒卵状椭圆形，先端长渐尖，基部楔形，上面深绿色有光泽，稍起波皱，边缘稍反卷。花梗向下弯垂，具3～4苞片脱落痕。花圆球形，花被片9，肉质，外面3片带绿色，有5条纵脉纹，内两轮纯白色。聚合果长约3cm；蓇葖近木质；种子卵圆形，内种皮褐色。

【花果期】花期夏季，在广州几乎全年持续开花；果期秋季。

【产地】浙江、福建、台湾、广东、广西、云南。生于海拔600～900m的湿润肥沃土壤林下。现广泛栽植于亚洲东南部。越南也有。

【繁殖】播种、高空压条。

【应用】枝叶深绿婆娑，花朵纯白，入夜香气更浓郁，为华南久经栽培的著名庭园观赏树种。花可提取香精，也可掺入茶叶内作熏香剂。

金铃花

Abutilon pictum
纹瓣悬铃花、灯笼花
锦葵科苘麻属

【识别要点】常绿灌木，高达1m。叶掌状3～5深裂，裂片卵状渐尖形，先端长渐尖，边缘具锯齿或粗齿，两面均无毛或仅下面疏被星状柔毛。花单生于叶腋，花梗下垂；花萼钟形，裂片5，卵状披针形；花钟形，橘黄色，具紫色条纹。果实为蒴果。

【花果期】花期5～10月。
【产地】原产南美洲的巴西、乌拉圭等地。
【繁殖】扦插、高空压条。

【应用】花形奇特，花姿优雅，悬垂于枝间状似灯笼，极为美丽，现华南园林有少量应用，适合公园、小区、校园及绿地的路边、林缘或山石边栽培。

扶桑

Hibiscus rosa-sinensis
朱槿、大红花
锦葵科木槿属

【识别要点】常绿灌木，高～3m。小枝圆柱形，疏被星状柔毛。叶阔卵形或狭卵形，先端斩尖，基部圆形或楔形，边缘具狙齿或缺刻，两面除背面沿脉上有少许疏毛外均无毛。花单生于上部叶腋间，常下垂；萼钟形，被星状柔毛，裂片5，卵形至披针形；花冠漏斗形，玫瑰红或淡红、淡黄等色；花瓣倒卵形，先端圆。蒴果卵形，平滑无毛，有喙。

【花果期】花期几乎全年，主花期夏季。

【产地】原产我国南部。各地有栽培。

【繁殖】扦插。

花叶扶桑

【应用】花色较多，瓣型变化大，为岭南地区常见的观花灌木，适合池畔、路边或庭院中栽植观赏。常见栽培的变种有花叶扶桑（*Hibiscus rosa-sinensis* var. *variegata*）。

吊灯扶桑

Hibiscus schizopetalus
灯笼花
锦葵科木槿属

【识别要点】常绿直立灌木，高达3m。小枝细瘦，常下垂，平滑无毛。叶椭圆形或长圆形，先端短尖或短渐尖，基部钝或宽楔形，边缘具齿缺，两面均无毛。花单生于枝端叶腋间，下垂，小苞片5，极小，花萼管状，具5浅齿裂，常一边开裂；花瓣5，红色，深细裂作流苏状。蒴果长圆柱形。

【花果期】花期全年，主花期夏季。
【产地】原产东非热带。为热带各国常见的园林观赏植物。
【繁殖】扦插。

【应用】花形极为奇特，似灯笼悬挂于枝条之上，观赏性极佳。适合公园、庭院、小区等栽培观赏，也可作绿篱栽培。

木槿

Hibiscus syriacus

朝开暮落花

锦葵科木槿属

【识别要点】落叶灌木，高3～4m。小枝密被黄色星状茸毛。叶菱形至三角状卵形，具深浅不同的3裂或不裂，先端钝，基部楔形，边缘具不整齐齿缺。花单生于枝端叶腋间，花萼钟形，密被星状短茸毛，裂片5，三角形；花钟形，淡紫色，花瓣倒卵形。蒴果卵圆形，种子肾形。

【花果期】花期6～9月；果期9～11月。

【产地】原产我国中部各省。现全国各地均有栽培。

【繁殖】扦插。

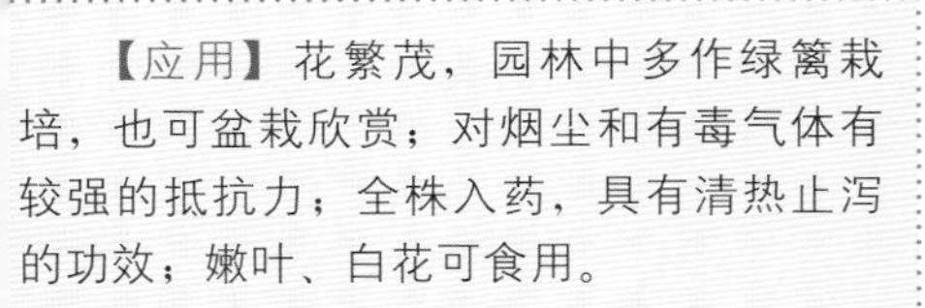

【应用】花繁茂，园林中多作绿篱栽培，也可盆栽欣赏；对烟尘和有毒气体有较强的抵抗力；全株入药，具有清热止泻的功效；嫩叶、白花可食用。

地菍

Melastoma dodecandrum
山地菍、地脚菍
野牡丹科野牡丹属

【识别要点】小灌木。茎匍匐上升，逐节生根。分枝多，披散，幼时被糙伏毛。叶片坚纸质，卵形或椭圆形，顶端急尖，基部广楔形，全缘或具密浅细锯齿，3～5基出脉，叶面通常仅边缘被糙伏毛。聚伞花序顶生，有花(1～)3朵，基部有叶状总苞2，通常较叶小；花瓣淡紫红色至紫红色，菱状倒卵形，上部略偏斜，顶端有1束刺毛，被疏缘毛。果坛状球状，平截，近顶端略缢缩，肉质，不开裂。

【花果期】花期5～7月；果期7～9月。

【产地】贵州、湖南、广西、广东、江西、浙江、福建。生于海拔1 250m以下的山坡矮草丛中。越南也有。

【繁殖】分株、播种。

【应用】性强健，适应性强，抗逆性好，适合公园、绿地等做地被植物，也可盆栽欣赏。

细叶野牡丹

Melastoma intermedium
铺地莲
野牡丹科野牡丹属

【识别要点】小灌木或灌木，直立或匍匐上升，高30～60cm，分枝多。叶片坚纸质或略厚，椭圆形或长圆状椭圆形，顶端广急尖或钝，基部广楔形或近圆形，全缘，具糙伏毛状缘毛。伞房花序顶生，有花（1～）3～5朵；花苞片2，披针形；花萼裂片披针形；花瓣玫瑰红色至紫色，菱状倒卵形，上部略偏斜。果坛状球形，平截。

【花果期】花期7～9月；果期10～12月。

【产地】贵州、广西、广东、福建、台湾。生于海拔约1 300m以下地区的山坡或田边矮草丛中。

【繁殖】播种、扦插。

【应用】植株矮小，花繁盛，为优良的观花植物，可用于公园、绿地等绿化，也可作地被植物。

野牡丹

Melastoma malabathricum
大金香炉、猪古稔
野牡丹科野牡丹属

【识别要点】灌木，分枝多。茎钝四棱形或近圆柱形，密被紧贴的鳞片状糙伏毛。叶片坚纸质，卵形或广卵形，顶端急尖，基部浅心形或近圆形，全缘，7基出脉，两面被糙伏毛及短柔毛。伞房花序生于分枝顶端，近头状，有花3～5朵，稀单生，基部具叶状总苞2；苞片披针形或狭披针形，花萼裂片卵形或略宽，花瓣玫瑰红色或粉红色，倒卵形。蒴果坛状球形，种子镶于肉质胎座内。

【花果期】花期5～7月；果期10～12月。

【产地】云南、广西、广东、福建、台湾。生于海拔约120m以下的山坡松林下或疏朗的灌草丛中。东南亚等地也有。

【繁殖】播种、扦插。

【应用】性强健，广东常见野生，在园林中常见应用，可群植或片植于路边、坡地观赏。

银毛野牡丹

Tibouchina aspera var. *asperrima*
野牡丹科丽蓝木属

【识别要点】常绿灌木，株高1～3m。叶对生，宽卵形，两面密被银白色茸毛，叶下较叶面密集，主脉3条。聚伞式圆锥花序顶生，花冠淡紫色。果实为蒴果。

【花果期】花期夏、秋，果期秋冬。

【产地】中美洲至南美洲。

【繁殖】播种、扦插。

【应用】叶片密被茸毛，观赏性高，园林绿化多用于公园的园路边、坡地或山石等处，多片植。

米仔兰 *Aglaia odorata*

米兰

楝科米仔兰属

【识别要点】灌木或小乔木。茎多小枝，幼枝顶部被星状锈色的鳞片。叶通常具小叶5～7枚，间有9枚，狭长椭圆形或狭倒披针状长椭圆形。圆锥花序腋生，花芳香，花萼5裂，裂片圆形；花瓣5，黄色，长圆形或近圆形。果实为浆果，卵形或近球形。

【花果期】花期6～10月；果期7月至翌年3月。

【产地】海南。生于低海拔山地的疏林或灌木林中。我国南方地区有栽培。

【繁殖】播种、扦插或高空压条。

【应用】为我国著名的香花树种，适合公园、小区、校园或庭院种植观赏。米兰花可食，可用来做羹及粥，也可用于熏茶；枝、叶可入药。

茉莉

Jasminum sambac
茉莉花
木犀科素馨属

【识别要点】直立或攀缘灌木，高达3m。小枝圆柱形或稍压扁状，有时中空，疏被柔毛。叶对生，单叶，叶片纸质，圆形、椭圆形、卵状椭圆形或倒卵形，两端圆或钝，基部有时微心形。聚伞花序顶生，通常有花3朵，有时单花或多达5朵；花极芳香；花萼裂片线形，花冠白色。果实球形，紫黑色。

【花果期】花期6～10月。
【产地】原产印度。中国南方和世界各地广泛栽培。
【繁殖】扦插、压条。

【应用】花洁白芳香，是我国常见栽培的芳香花卉，园林中常用于花坛、花境或墙垣边栽培观赏，也常与其他花灌木配植。盆栽可用于阶旁、阳台、窗台、卧室装饰。花可提取香精或窨制茉莉花茶。

散尾葵

Chrysalidocarpus lutescens
黄椰子
棕榈科散尾葵属

【识别要点】常绿灌木或小乔木，株高3～8m，丛生，基部分蘖较多。羽状复叶，小叶线形或披针形，左右两侧不对称。佛焰花序生于叶鞘束下，呈圆锥花序式；花小，金黄色。果近球形，紫黑色。

【花果期】花期夏季；果期8月。

【产地】我国南部至西南部。日本也有。

【繁殖】播种、分株。

【应用】株形优美，叶色翠绿，为优良的观叶植物。园林中常用于墙隅、山石边或草地边缘丛植。

棕竹

Rhapis excelsa

筋头竹、虎散竹

棕榈科棕竹属

【识别要点】丛生灌木，株高2～3m。叶掌状深裂，裂片4～10片，裂片宽线形或线状椭圆形，先端宽，截状而具多对稍深裂的小裂片，边缘具锯齿。花冠3裂。果实球状倒卵形。

【花果期】花期6～7月；果期秋季。

【产地】我国南部至西南部。日本也有。

【繁殖】播种或分株。

【应用】株形优美，叶形美观，适合庭园的路边、墙垣边及一隅栽培观赏。

蓝雪花

Plumbago auriculata
蓝花丹
白花丹科白花丹属

【识别要点】多年生灌木，通常高20～30（60）cm。叶宽卵形或倒卵形，枝两端者较小，先端渐尖偶尔钝圆，基部骤窄而后渐狭或仅为渐狭，除边缘外两面无毛或近无毛，常有细小钙质颗粒。花序生于枝端和上部1～3节叶腋的短柄上，含15～30枚或更多的花，花期中经常有1～5花开放；花冠筒部紫红色，裂片蓝色，倒三角形。蒴果椭圆状卵形，淡黄褐色；种子红褐色，粗糙，有棱。

【花果期】花期7～9月；果期8～10月。

【产地】原产南非南部。已广泛为各国引种作观赏植物，我国各地有栽培。

【繁殖】扦插。

【应用】开花繁茂，花色淡雅，是极佳的观花灌木，在岭南地区应用较少，可植于路边、花坛、墙垣边或草坪边缘绿化，也是庭院绿化及盆栽的优良材料。

现代月季

Rosa hybrida
月季
蔷薇科蔷薇属

【识别要点】常绿或半常绿灌木，株高达2m。奇数羽状复叶，小叶3～5枚，卵状椭圆形。花常数朵簇生，微香，单瓣或重瓣，花色极多，有红、黄、白、粉、紫及复色等。果实为浆果。

【花果期】花期几乎全年，以夏季最盛。

【产地】园艺杂交种，现世界各地广为栽培。

【繁殖】嫁接、扦插、高空压条。

【应用】为著名的四大切花之一。花色娇艳，芳香馥郁，园林中常用于花坛、花境或路边、山石边栽培，也常用于专类园，盆栽适合阳台、窗台、卧室或客厅装饰。岭南地区因夏秋季高温多湿，病虫害多发，因此栽培上不提倡夏秋季产花，以保树为重，产花期调整到冬春季至初夏。

重瓣蔷薇莓

Rubus rosaefolius var. *coronarius*
茶蘼花、佛见笑、重瓣空心泡
蔷薇科悬钩子属

【识别要点】直立或攀缘灌木，高2～3m。小枝圆柱形，具柔毛或近无毛。小叶5～7枚，卵状披针形或披针形，顶端渐尖，基部圆形，边缘有尖锐缺刻状重锯齿。花常1～2朵，顶生或腋生；花重瓣，白色，芳香。果实卵球形或长圆状卵圆形，红色，有光泽。

【花果期】花期5～7月。
【产地】陕西和云南。印度、印度尼西亚、马来西亚也有。
【繁殖】扦插、播种。

【应用】花大洁白，具芳香，目前园林中较少应用，适合公园、花园等作绿篱，或丛植于草地边缘、山石边、墙垣边栽培观赏。

粉花绣线菊

Spiraea japonica

光叶绣线菊、日本绣线菊

蔷薇科绣线菊属

【识别要点】直立灌木，高达1.5m。枝条细长，开展。叶片卵形至卵状椭圆形，先端急尖至短渐尖，基部楔形，边缘有缺刻状重锯齿或单锯齿。复伞房花序生于当年生的直立新枝顶端，花朵密集，花萼筒钟状，花瓣卵形至圆形，先端通常圆钝，粉红色。蓇葖果半开张。

【花果期】花期6～7月；果期8～9月。

【产地】原产日本、朝鲜。我国各地有栽培。

【繁殖】播种、扦插。

【应用】为著名观花植物，在长江流域常见种植，岭南地区有少量引种，适合较低温度区域引种栽培，宜片植。

水团花

Adina pilulifera
水杨梅
茜草科水团花属

【识别要点】常绿灌木至小乔木，高达5m。叶对生，厚纸质，椭圆形至椭圆状披针形，或有时倒卵状披针形，顶端短尖至渐尖而钝头，基部钝或楔形，有时渐狭窄。头状花序明显腋生，极稀顶生，花冠白色，窄漏斗状，花冠裂片卵状长圆形。小蒴果楔形，种子长圆形。

【花果期】花期6 ~ 7月。

【产地】长江以南地区。生于海拔200 ~ 350m山谷疏林下或旷野路旁、溪边水畔。日本和越南也有。

【繁殖】播种。

【应用】性强健，极易栽培，花序美丽，园林中较少应用，可引种片植或丛植于公园、绿地等欣赏。

细叶水团花 *Adina rubella* 茜草科水团花属

【识别要点】落叶小灌木，高1～3m。叶对生，近无柄，薄革质，卵状披针形或卵状椭圆形，全缘，顶端渐尖或短尖，基部阔楔形或近圆形。头状花序单生，顶生或兼有腋生，花萼管疏被短柔毛，花冠管5裂，花冠裂片三角状，紫红色。小蒴果长卵状楔形。

【花果期】5～12月。

【产地】广东、广西、福建、江苏、浙江、湖南、江西和陕西。生于溪边、河边、沙滩等湿润地区。朝鲜也有。

【繁殖】播种。

【应用】野性强，易栽培，花序有一定观赏价值，现园林极少种植，可引种片植或丛植于公园、绿地等欣赏。

龙船花

Ixora chinensis
山丹
茜草科龙船花属

【识别要点】灌木，高0.8～2m，无毛。小枝初时深褐色，有光泽。叶对生，有时由于节间距离极短几成4枚轮生，披针形、长圆状披针形至长圆状倒披针形，顶端钝或圆形，基部短尖或圆形。花序顶生，多花，花冠红色或红黄色，顶部4裂，裂片倒卵形或近圆形，扩展或外反。果近球形，双生，中间有1沟，成熟时红黑色。

【花果期】花期5～7月。

【产地】福建、广东、香港、广西。生于海拔200～800m山地灌丛中和疏林下，有时村落附近的山坡和旷野路旁亦有生长。越南、菲律宾、马来西亚、印度尼西亚等热带地区也有。

【繁殖】扦插、高空压条。

【应用】龙舟竞度时节开花最旺。株形美观，开花密集，色彩艳丽，是常见栽培的观花灌木，可用于庭院、风景区、社区等与乔木配植，盆栽适合于窗台、阳台摆设。

红纸扇 *Mussaenda erythrophylla*

茜草科玉叶金花属

【识别要点】半落叶灌木，株高1 ～ 3m。叶对生，纸质，椭圆状披针形，顶端长渐尖，基部渐窄，两面被稀柔毛，叶脉红色。聚伞花序顶生，花萼裂片5，其中1片明显增大为红色花瓣状，花冠金黄色。浆果。

【花果期】花期夏季；果期秋季。

【产地】原产西非。我国南方广泛栽培。

【繁殖】扦插。

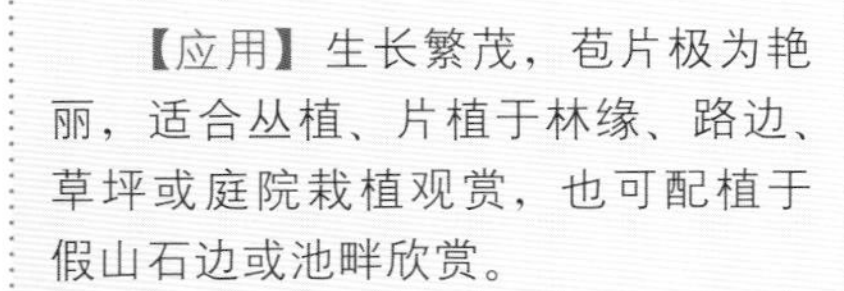

【应用】生长繁茂，苞片极为艳丽，适合丛植、片植于林缘、路边、草坪或庭院栽植观赏，也可配植于假山石边或池畔欣赏。

粉萼花

Mussaenda hybrida 'Alicia'
粉萼金花
茜草科玉叶金花属

【识别要点】半落叶灌木，株高1～3m。叶对生，长椭圆形，顶端渐尖，基部楔形，全缘。聚伞房花序顶生，花萼裂片5，全部增大为粉红色花瓣状，花冠金黄色，高脚碟状，喉部淡红色。果实为浆果。

【花果期】花期6～10月。
【产地】园艺杂交种。
【繁殖】扦插。

【应用】性强健，苞片美丽，花期长，是优良的花灌木，在岭南地区表现极佳，适合公园、庭院及园林绿地片植、孤植观赏。

郎德木 *Rondeletia odorata*

茜草科郎德木属

【识别要点】灌木，高可达2m。枝被柔毛或无毛，嫩枝被棕黄色硬毛。叶对生，革质，具短柄，粗糙，卵形、椭圆形或长圆形，顶端钝或短尖，基部钝或近心形，边缘背卷。聚伞花序顶生，有花数朵至多朵，花萼管近球形，花冠鲜红色，喉部带黄色，外面有短柔毛。蒴果球形。

【花果期】花期7～9月。

【产地】原产古巴、巴拿马、墨西哥等地。广州和香港有栽培。

【繁殖】扦插。

【应用】为美丽的庭园观赏树种，花美丽，有极高的观赏性，岭南地区一带有少量栽植，可用于公园、景区等墙垣边、林缘、草地边缘种植观赏。

八仙花

Hydrangea macrophylla
绣球
虎耳草科绣球属

【识别要点】灌木，高1～4m。茎常于基部发出多数放射枝，而形成一圆形灌丛。叶纸质或近革质，倒卵形或阔椭圆形，先端骤尖，具短尖头，基部钝圆或阔楔形，边缘于基部以上具粗齿。伞房状聚伞花序近球形，花密集，多数不育；不育花萼片4，阔卵形或近圆形，粉红色、淡蓝色或白色；孕性花极少数，萼筒倒圆锥状，花瓣长圆形。蒴果未成熟时长陀螺状。

【花果期】花期6～7月。

【产地】山东、江苏、安徽、浙江、福建、河南、湖北、湖南、广东、广西、四川、贵州、云南等地。生于海拔380～1 700m于山谷溪旁或山顶疏林中。日本、朝鲜也有。

【繁殖】扦插。

【应用】花大色艳，花期长，是我国常见栽培的观花灌木，岭南地区常盆栽观赏，也可用于林缘、路边或门庭入口栽培。

炮仗竹 *Russelia equisetiformis*

玄参科炮仗竹属

【识别要点】常绿亚灌木，株高1m左右。叶对生或轮生，狭披针形或线形。总状花序，花小，筒状，红色。

【花果期】花期6～10月。
【产地】墨西哥及中美洲。
【繁殖】分株、扦插或压条。

【应用】花形奇特，似爆竹，园林中常用于花台、花坛或园路两边栽培观赏，盆栽可用于阳台、天台绿化。

洋素馨

Cestrum nocturnum
夜香树
茄科夜香树属

【识别要点】直立或近攀缘状灌木，高2～3m。全体无毛。枝条细长而下垂。叶有短柄，叶片矩圆状卵形或矩圆状披针形，全缘，顶端渐尖，基部近圆形或宽楔形，两面秃净而发亮。伞房式聚伞花序，腋生或顶生，疏散，有极多花；花绿白色至黄绿色，晚间极香。花萼钟状，5浅裂，花冠高脚碟状，筒部伸长，下部极细，向上渐扩大，裂片5，直立或稍开张。浆果矩圆状，有1颗种子，种子长卵状。

【花果期】花期夏、秋季；果期冬、春季。

【产地】原产南美洲。现广泛栽培于世界热带地区。

【繁殖】扦插。

【应用】花色淡雅，芳香，为岭南地区常见栽培灌木，在公园、小区、庭院等广泛栽培，适合丛植、带植。

瓶儿花

Cestrum elegans
紫瓶子花、毛茎夜香树
茄科夜香树属

【识别要点】常绿灌木。叶互生，卵状披针形，先端短尖，边缘波浪形。伞房状花序腋生或顶生，花冠长瓶形，花紫红色，夜间极香。浆果。

【花果期】花期夏秋；果期翌年4～5月。

【产地】原产墨西哥。我国南方有栽培。

【繁殖】扦插。

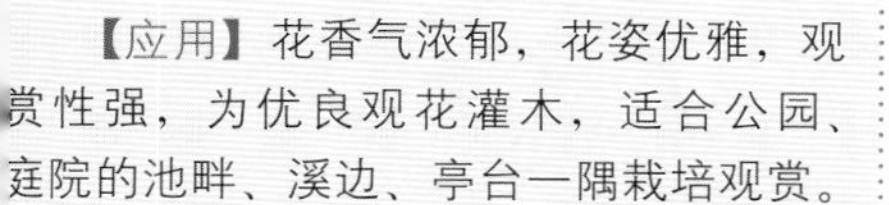

【应用】花香气浓郁，花姿优雅，观赏性强，为优良观花灌木，适合公园、庭院的池畔、溪边、亭台一隅栽培观赏。

杜虹花 *Callicarpa formosana*

粗糠仔

马鞭草科紫珠属

【识别要点】灌木，高1～3m。小枝、叶柄和花序均密被灰黄色星状毛和分枝毛。叶片卵状椭圆形或椭圆形，顶端通常渐尖，基部钝或浑圆，边缘有细锯齿，表面被短硬毛，稍粗糙，背面被灰黄色星状毛和细小黄色腺点。聚伞花序通常4～5次分歧，花萼杯状，被灰黄色星状毛，萼齿钝三角形；花冠紫色或淡紫色，裂片钝圆。果实近球形，紫色。

【花果期】花期5～7月；果期8～11月。

【产地】江西、浙江、台湾、福建、广东、广西、云南。生于海拔1 590m以下的平地、山坡和溪边的林中或灌丛中。菲律宾也有。

【繁殖】播种、扦插。

【应用】果实繁密，挂果时间极长，为著名观果植物，可用于公园、绿地、庭院栽培欣赏；盆栽用于客厅、卧室、阳台及窗台观赏。

臭牡丹

Clerodendrum bungei
大红袍
马鞭草科大青属

【识别要点】灌木，高1～2m。植株有臭味，花序轴、叶柄密被褐色、黄褐色或紫色脱落性的柔毛。小枝近圆形。叶片纸质，宽卵形或卵形，顶端尖或渐尖，基部宽楔形、截形或心形，边缘具粗或细锯齿。伞房状聚伞花序顶生，密集；花萼钟状，花冠淡红色、红色或紫红色，花冠裂片倒卵形。核果近球形，成熟时蓝黑色。

【花果期】5～11月。

【产地】华北、西北、西南以及江苏、安徽、浙江、江西、湖南、湖北、广西。生于海拔2 500m以下的山坡、林缘、沟谷、路旁、灌丛湿润处。印度北部、越南、马来西亚也有。

【繁殖】播种、分株。

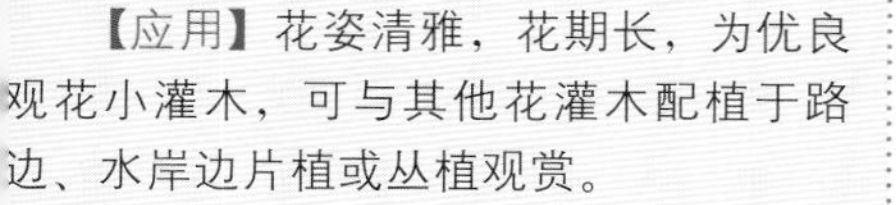

【应用】花姿清雅，花期长，为优良观花小灌木，可与其他花灌木配植于路边、水岸边片植或丛植观赏。

赪桐 *Clerodendrum japonicum*

贞桐花、状元红

马鞭草科大青属

【识别要点】灌木，高1～4m。小枝四棱形。叶片圆心形，顶端尖或渐尖，基部心形，边缘有疏短尖齿。二歧聚伞花序组成顶生，大而开展的圆锥花序，花序的最后侧枝呈总状花序，花萼红色，深5裂，花冠红色，稀白色，顶端5裂，裂片长圆形，开展。果实椭圆状球形，绿色或蓝黑色。

【花果期】主要花期夏季，春、秋也可见花。

【产地】江苏、浙江、江西、湖南、福建、台湾、广东、广西、四川、贵州、云南。通常生于平原、山谷、溪边或疏林中。日本及亚洲南部也有。

【繁殖】播种、分株。

【应用】叶色翠绿，花艳如火，花期长，是优良的观花灌木，适合公园、小区、庭院等路边、池畔、山石边或林缘栽培观赏。

重瓣臭茉莉 *Clerodendrum philippinum* 髻婆 马鞭草科大青属

【识别要点】灌木，高50～120cm。小枝钝四棱形或近圆形。叶片宽卵形或近于心形，顶端渐尖，基部截形，宽楔形或浅心形，边缘疏生粗齿。伞房状聚伞花序紧密，顶生，花萼钟状，萼裂片线状披针形，花冠红色、淡红色或白色，有香味，花冠管短，裂片卵圆形，雄蕊常变成花瓣而使花成重瓣。果实为核果。

【花果期】主要花期夏季，春、秋也可见花。

【产地】福建、台湾、广东、广西、云南多栽培。老挝、泰国、柬埔寨以至亚洲热带地区常见栽培或逸生。

【繁殖】扦插、分株。

【应用】枝叶舒展，花朵密集，适合草、路边、坡地片植或丛植，也适合与其他花灌木配植。栽培的变种有臭茉莉（*Clerodendrum philippinum* var. *simplex*）。

臭茉莉

单叶蔓荆 *Vitex trifolia* var. *simplicifolia*

马鞭草科牡荆属

【识别要点】落叶灌木，茎匍匐，节处常生不定根。单叶对生，叶片倒卵形或近圆形，顶端通常钝圆或有短尖头，基部楔形，全缘。圆锥花序顶生，花萼钟形，顶端5浅裂，花冠淡紫色或蓝紫色，二唇形，下唇中间裂片较大。核果近圆形，成熟时黑色。

【花果期】花期7～8月；果期8～10月。

【产地】辽宁、河北、山东、江苏、安徽、浙江、江西、福建、台湾、广东。生于沙滩、海边及湖畔。日本、印度、缅甸、泰国、越南、马来西亚、澳大利亚、新西兰也有。

【繁殖】播种、扦插。

【应用】易生长，抗性强，适合滨海的景区、公园、度假区等沙滩绿化，也可用作地被植物。

南美苏铁

Zamia furfuracea
鳞粃苏铁、阔叶铁树
泽米铁科泽米铁属

【识别要点】常绿灌木。丛生，株高30～150cm。羽状复叶集生茎端，小叶近对生，长椭圆形至披针形，边缘中部以上有齿，常反卷，有时被黄褐色鳞屑。雌雄异株，雄花球松球状。种子绯红色。

【花果期】花期初夏。

【产地】墨西哥、美国佛罗里达及西印度群岛。

【繁殖】分株、播种。

【应用】叶色光亮，生长茂盛，适合草地边缘、林缘丛植或单植，也可配植于山石边或岩石园内观赏，播种幼苗适合作小盆栽，别有韵味。

黑眼花

Thunbergia alata
翼叶山牵牛
爵床科山牵牛属

【识别要点】缠绕一年生草本。茎具2槽，被倒向柔毛。叶片卵状箭头形或卵状稍戟形，先端钝尖，基部箭形或稍戟形，边缘具短齿或全缘。花单生叶腋，花筒状钟形，花冠5裂，橹黄色或淡黄色，喉紫黑色。果实为蒴果。

【花果期】花期夏至秋；果期秋冬。
【产地】热带非洲。我国南方部分地区已逸生。
【繁殖】播种、扦插或分株。

【应用】色泽明快，观赏性佳，适合庭院、公园等小型棚架、篱垣、花架栽培观赏，也适合盆栽。

山牵牛

Thunbergia grandiflora
大花老鸦嘴
爵床科山牵牛属

【识别要点】攀缘灌木。分枝较多，可攀缘很高，匍枝蔓爬。小枝条稍四棱形，后逐渐复圆形。叶具柄，叶片卵形、宽卵形至心形，先端急尖至锐尖，有时有短尖头或钝，边缘有宽三角形裂片。花在叶腋单生或成顶生总状花序，花冠管连同喉白色，自花冠管以上膨大；冠檐蓝紫色，裂片圆形或宽卵形，先端常微缺。果实为蒴果。

【花果期】主花期夏季。

【产地】广西、广东、海南、福建。生于山地灌丛。印度及中南半岛也有。

【繁殖】分株、根茎扦插。

【应用】花形奇特，花期长，性强健，适应性强，粗生，多用于大型棚架栽培观赏。

阔叶猕猴桃

Actinidia latifolia

多花猕猴桃、多果猕猴桃

猕猴桃科猕猴桃属

【识别要点】大型落叶藤本。着花小枝绿色至蓝绿色，基本无毛，至多幼嫩时薄被微茸毛，或密被黄褐色茸毛。叶坚纸质，通常为阔卵形，有时近圆形或长卵形，顶端短尖至渐尖，基部浑圆或浅心形、截平、阔楔形，等侧或稍不等侧，边缘具疏生的突尖状硬头小齿。花序为3～4歧多花的大型聚伞花序，雄花花序远较雌性花的为长，花有香气，萼片5片，淡绿色，花开放时反折，两面均被污黄色短茸毛，花瓣5～8片，前半部及边缘部分白色，下半部的中央部分橙黄色。果实暗绿色，圆柱形或卵状圆柱形。

【花果期】花期5月上旬至6月中旬；果期11月。

【产地】四川、云南、贵州、安徽、浙江、台湾、福建、江西、湖南、广西、广东等地。生于海拔450～800m山地的山谷或山沟地带的灌丛中或森林迹地上。越南、老挝、柬埔寨、马来西亚也有。

【繁殖】播种、扦插。

【应用】适应性强，抗性好，花量大，适合公园、绿地、景区等大型棚架、绿廊等栽培观赏，也可用于藤本植物专类园。

美丽猕猴桃

Actinidia melliana
两广猕猴桃
猕猴桃科猕猴桃属

【识别要点】中型半常绿藤本。当年枝和隔年枝都密被锈色长硬毛，皮孔都很显著。叶膜质至坚纸质，隔年叶革质，长方椭圆形、长方披针形或长方倒卵形，顶端短渐尖至渐尖，基部浅心形至耳状浅心形。聚伞花序腋生，花可多达10朵，花白色；萼片5片，长方卵形，花瓣5片，倒卵形。果实成熟时秃净，圆柱形，有显著的疣状斑点，宿存萼片反折。

【花果期】花期5～6月；果期秋季。

【产地】主产广西和广东，南可到海南岛，北可到湖南、江西。生于海拔200～1 250m的山地树丛中。

【繁殖】播种、扦插。

【应用】适应性强，花量大，可用于公园、绿地、景区等大型棚架、绿廊等栽培观赏，也可用于藤本植物专类园。

鹰爪花

Artabotrys hexapetalus

鹰爪、鹰爪兰

番荔枝科鹰爪花属

【识别要点】攀缘灌木，高达4m，无毛或近无毛。叶纸质，长圆形或阔披针形，顶端渐尖或急尖，基部楔形，叶面无毛，叶背沿中脉上被疏柔毛或无毛。花1～2朵，淡绿色或淡黄色，芳香；萼片绿色，花瓣长圆状披针形，外面基部密被柔毛，其余近无毛或稍被稀疏柔毛。果实卵圆状，顶端尖，数个群集于果托上。

【花果期】主花期夏季；果期秋冬。

【产地】浙江、福建、台湾、江西、广东、广东及云南。生于山地林中。东南亚也有。

【繁殖】播种、扦插。

【应用】具芳香，岭南地区偶见栽培。性强健，易栽培，可用于庭园棚架、花架或墙垣边栽培观赏，也可整形成灌木植于路边或山石边观赏；花可用于熏茶。

假鹰爪

Desmos chinensis

酒饼叶

番荔枝科假鹰爪属

【识别要点】直立或攀缘灌木，有时上枝蔓延。除花外，全株无毛。枝皮粗糙，有纵条纹。叶薄纸质或膜质，长圆形或椭圆形，少数为阔卵形，顶端钝或急尖，基部圆形或稍偏斜，上面有光泽，下面粉绿色。花黄白色，单朵与叶对生或互生；萼片卵圆形，外轮花瓣比内轮花瓣大，长圆形或长圆状披针形。果实有柄，念珠状，内有种子1～7颗。

【花果期】花期夏至冬季；果期6月至翌年春季。

【产地】广东、广西、云南及贵州。生于丘陵山坡、林缘灌丛或旷地、荒野中。东南亚也有。

【繁殖】播种。

【应用】花具芳香，果供观赏，现园林应用较少，为岭南地区乡土树种，可引种于庭院、园路边或水岸边栽培观赏，海南民间常用其叶制酒饼，故有酒饼叶之名。

软枝黄蝉 *Allamanda cathartica* 夹竹桃科黄蝉属

【识别要点】藤状灌木，长达4m。枝条软弯垂，具白色乳汁。叶纸质，通常3～4枚轮生，有时对生或在枝的上部互生，全缘，倒卵形或倒卵状披针形，端部短尖，基部楔形。聚伞花序顶生；花萼裂片披针形，花冠橙黄色，花冠下部长圆筒状，基部不膨大，花冠筒喉部具白色斑点，向上扩大成冠檐，花冠裂片卵圆形或长圆状卵形。蒴果球形，种子扁平。

【花果期】广东一年四季均可见花，主花期夏季；果期冬季。

【产地】巴西。现广泛栽培于热带地区。

【繁殖】扦插。

【应用】花大美丽，开花极为繁盛，为岭南等地常用的园林植物，可用于庭院、公园或绿地的棚架、花廊、绿篱或墙垣等攀爬栽培，也可整形为灌木栽培。

飘香藤

Mandevilla×amabilis

文藤

夹竹桃科飘香藤属

【识别要点】多年生常绿藤本植物。叶对生，全缘，长卵圆形，先端急尖，革质，叶面有皱褶，叶色浓绿并富有光泽。花腋生，花冠漏斗形，红、桃红色、粉红等色。果实未见。

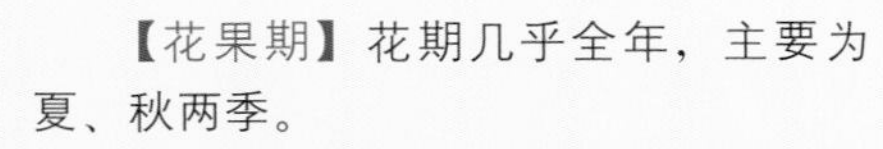

【花果期】花期几乎全年，主要为夏、秋两季。

【产地】巴西、玻利维亚及阿根廷。

【繁殖】扦插。

【应用】花大色艳，多盆栽用于室内或阳台观赏，在园林中有少量应用，可用于小型篱垣、棚架美化。

金香藤

Urechites luteus

蛇尾蔓

夹竹桃科金香藤属

【识别要点】常绿藤本。茎有白色乳汁。叶对生，椭圆形，全缘，革质，富有光泽。花冠黄色，漏斗形。蓇葖果线形。

【花果期】主要花期夏季，其他季节也可见花。

【产地】原产美国的佛罗里达。

【繁殖】扦插。

【应用】叶色翠绿，花色鲜艳，目前岭南地区的园林有少量应用，适合小型花架、庭院的栅栏、窗前的绿化。

龟背竹 *Monstera deliciosa*

电线兰、龟背莲

天南星科龟背竹属

【识别要点】攀缘藤本。茎绿色，粗壮，具气生根。叶柄绿色，长常达1m，叶片大，轮廓心状卵形，厚革质，表面发亮，淡绿色，背面绿白色，边缘羽状分裂。花序绿色，粗糙。佛焰苞厚革质，宽卵形，舟状，近直立，先端具喙，苍白带黄色。肉穗花序近圆柱形，淡黄色。浆果淡黄色，柱头周围有青紫色斑点。

【花果期】花期夏秋；果于翌年花期之后成熟。

【产地】墨西哥等。

【繁殖】播种、扦插。

白斑叶龟背竹

【应用】叶奇特，具光泽，园林中可植于林缘、山石旁任其攀爬，也可植于大型棚架边。盆栽可置于客厅、阳台栽培欣赏。花序可食，常具麻味。栽培的品种有白斑叶龟背竹(*Monstera deliciosa* 'Albo Variegata')。

合果芋

Syngonium podophyllum
白蝴蝶、长柄合果芋
天南星科合果芋属

【识别要点】多年生常绿藤本植物。叶互生，幼叶箭形或戟形，淡绿色，老叶为掌状叶，多裂，深绿色。肉穗状花序，花序外有佛焰苞包被，其内部红色或白色，外部绿色。果实为浆果。

【花果期】花期夏秋季。

【产地】美洲热带雨林中。

【繁殖】扦插。

【应用】品种繁多，株形美观，叶形奇特，常盆栽或吊篮栽植作为室内观叶植物，园林中常用于庇荫的林缘、山石边或路边栽培观赏，也适合作地被或攀缘于墙上、树干上。

港口马兜铃

Aristolochia zollingeriana

马兜铃科马兜铃属

【识别要点】草质藤本。茎无毛，干后明显6棱。叶纸质至薄革质，卵状三角形或肾形，顶端短尖，基部浅心形，两侧裂片半圆形，扩展，边全缘，稀浅3裂。总状花序腋生，有花3～4朵；花被基部收狭呈柄状，与子房连接处稍膨大，具关节，其上膨大呈球形，向上收狭成一长管，管口扩大呈漏斗状，被短柔毛或无毛。蒴果长圆形。

【花果期】花期7月。

【产地】我国台湾省。生于密林中。日本、爪哇也有。

【繁殖】播种。

【应用】花繁叶茂，观赏性较强，适合公园、庭院等小型棚架、花架、绿篱垂直绿化，也可盆栽观赏。

橡胶紫茉莉

Cryptostegia grandiflora
鞍叶藤
萝藦科鞍叶藤属

【识别要点】落叶藤本。叶端钝，具短突尖，全缘，叶两面平滑，革质，绿色，无托叶。聚伞状花序，全瓣花，高脚碟状，花淡紫红色。果实为蓇葖果。

【花果期】花期6～7月；果期冬季。
【产地】东非、马达加斯加至印度。
【繁殖】扦插、扦插或压条。

【应用】适应性好，花极美丽，在岭南地区有少量应用，适合庭院、绿地、公园等路边、草坪中、水岸边栽培观赏，多片植。

心叶球兰

Hoya kerrii
凹叶球兰
萝藦科球兰属

【识别要点】常绿木质藤本，蔓长可达5m以上。叶对生，肥厚，倒心形，叶绿色。伞状花序腋生，有数十朵聚生球状，花冠淡绿色，反卷，副花冠星状，咖啡色，具芳香。果实为蓇葖果。

斑叶心叶球兰

斑叶心叶球兰

斑叶心叶球兰

【花果期】花期夏初。

【产地】泰国及老挝等地。我国引种栽培。

【繁殖】扦插。

【应用】叶片心形，奇特美观，观赏性强。盆栽用于阳台、窗台及案几案摆放观赏，也可用于小型花架、绿篱、墙垣垂直绿化。常见栽培的变种有斑叶心叶球兰(*Hoya kerrii* var. *variegata*)。

夜来香

Telosma cordata
夜香花
萝藦科夜来香属

【识别要点】柔弱藤状灌木。小枝被柔毛，黄绿色，老枝灰褐色。叶膜质，卵状长圆形至宽卵形，顶端短渐尖，基部心形。伞形状聚伞花序腋生，着花多达30朵；花芳香，夜间更盛；花萼裂片长圆状披针形，外面被微毛，花冠黄绿色，高脚碟状，花冠筒圆筒形，裂片长圆形。蓇葖披针形，渐尖，种子宽卵形。

【花果期】主花期夏季；果期9～12月。
【产地】华南地区。生于山坡灌木丛中。
【繁殖】播种、扦插。

【应用】花色淡雅，具芳香，适合庭院及公园的小型花架、棚架绿化，也可盆栽观赏；花可提制芳香油；花及叶均可入药。

火龙果

Hylocereus undatus
量天尺
仙人掌科量天尺属

【识别要点】攀缘肉质灌木，长3～15m。分枝多数，延伸，具三角或棱。叶退化。花漏斗状，于夜间开放；萼状花被片黄绿色，线形至线状披针形，瓣状花被片白色，长圆状倒披针形。浆果红色，长球形。

【花果期】花期7～12月。

【产地】中美洲。我国南方广泛栽培。

【繁殖】扦插、嫁接、播种。

【应用】果可食，目前在岭南地区栽培较多，果肉有白、红、黄之分，多用于休闲观光园。果大，观赏性佳，也可用于公园或庭院的墙垣处、篱架等处栽培观赏或用于盆栽制作种子森林。

樱麒麟

Pereskia bleo
玫瑰麒麟
仙人掌科木麒麟属

【识别要点】灌木或藤本状。枝条较粗壮。叶基腋处生有数枚深褐色长锐刺。叶片多肉质而肥厚，长椭圆形，先端尖，基部渐狭，有短柄，光亮，全缘，具褶皱。总状花序顶生，花玫瑰红色。果实为浆果。

【花果期】花期夏至秋。

【产地】巴拿马、哥伦比亚及东南亚。

【繁殖】扦插。

【应用】花美丽，适合公园、风景区等山石边或路边栽培观赏，也常用来布置多肉植物专类园。

大花樱麒麟

Pereskia grandifolia
大叶木麒麟
仙人掌科木麒麟属

【识别要点】灌木或藤本状，株高一般6～7m，最高可达15m。枝条较粗壮，节部明显。叶基腋处生有数枚深褐色长锐刺。叶片多肉质而肥厚，有短柄，表面光滑具蜡质，全缘。总状花序顶生，花淡紫红色。果实为浆果。

【花果期】花期5～10月。

【产地】哥伦比亚。

【繁殖】扦插。

【应用】花美丽，适合公园、风景区等山石边或路边栽培观赏，也常用来布置多肉植物专类园。

金钱豹

Codonopsis javanica
大花金钱豹
桔梗科金钱豹属

【识别要点】草质缠绕藤本，具乳汁，具胡萝卜状根。茎无毛，多分枝。叶对生，极少互生的，具长柄，叶片心形或心状卵形，边缘有浅锯齿，极少全缘的。花单生于叶腋，花冠上位，白色或黄绿色，内面紫色，钟状，裂至中部。浆果黑紫色，紫红色，球状，种子不规则。

【花果期】花期7～9月。
【产地】云南、贵州、广西和广东的大部分。不丹至印度尼西亚也有。
【繁殖】播种。

【应用】花美丽，园林中较少应用，可引种至小型棚架、绿廊、花架等处栽培欣赏。

金银花

Lonicera japonica

忍冬、金银藤

忍冬科忍冬属

【识别要点】常绿藤本。幼枝红褐色，密被黄褐色、开展的硬直糙毛。叶纸质，卵形至矩圆状卵形，有时卵状披针形，稀圆卵形或倒卵形，极少有1至数个钝缺刻，顶端尖或渐尖，少有钝、圆或微凹缺，基部圆或近心形。花冠白色，有时基部向阳面呈微红，后变黄色，唇形，筒稍长于唇瓣，很少近等长，上唇裂片顶端钝形，下唇带状而反曲。果实圆形，熟时蓝黑色，有光泽；种子卵圆形或椭圆形，褐色。

【花果期】主要花期夏季；果熟期10～11月。

【产地】除黑龙江、内蒙古、宁夏、青海、新疆、海南和西藏无自然生长外，全国各省均有分布。生于海拔最高达1 500m山坡灌丛或疏林中、乱石堆、山间路旁及村庄篱笆边。

【繁殖】扦插、压条、播种。

【应用】花繁茂，花期长，具清香，适合公园、绿地、庭院等棚架、院墙、栅栏处垂直绿化。金银花除园林应用外，还可药用。

使君子

Quisqualis indica
留求子、四君子
使君子科使君子属

【识别要点】攀缘状灌木，高2～8m。小枝被棕黄色短柔毛。叶对生或近对生，叶片膜质，卵形或椭圆形，先端短渐尖，基部钝圆，表面无毛，背面有时疏被棕色柔毛。顶生穗状花序，组成伞房花序式；萼管被黄色柔毛，先端具广展、外弯的小萼齿5枚；花瓣5，先端钝圆，初为白色，后转淡红色。果实卵形，短尖，成熟时外果皮脆薄，呈青黑色或栗色；种子1颗，白色。

【花果期】花期初夏；果期秋末。

【产地】四川、贵州至南岭以南各处。主产福建、江西、湖南、广东、广西、四川、云南、贵州。印度、缅甸至菲律宾也有。

【繁殖】播种、扦插或分株。

【应用】性强健，花繁叶茂，是园林绿化的优良品种，可用于大型棚架、廊架、绿篱等处种植栽培。

光叶丁公藤

Erycibe schmidtii
丁公藤
旋花科丁公藤属

【识别要点】高大攀缘灌木。小枝圆柱形，灰褐色，有细棱，无毛或贴生微柔毛。叶革质，卵状椭圆形或长圆状椭圆形，顶端骤然渐尖，基部宽楔形或稍钝圆，两面无毛。聚伞花序呈圆锥状，腋生或顶生，花冠白色，芳香，深5裂，瓣中带密被黄褐色绢毛，小裂片长圆形，边缘啮蚀状。浆果球形，干后黑褐色，直径约1.5cm。

【花果期】花期夏季。

【产地】云南东南部、广西西南至东部、广东。生于海拔250～1 200m的山谷密林或疏林中，攀附于乔木上。

【繁殖】播种。

【应用】小花美丽，性强健，抗性好，适合公园、绿地等大型棚架、绿廊绿化。

月光花

Ipomoea alba
嫦娥奔月、天茄儿
旋花科番薯属

【识别要点】一年生大型缠绕草本，长可达10m，有乳汁。叶卵形，先端长锐尖或渐尖，基部心形，全缘或稍有角或分裂。花大，夜间开，芳香，1至多朵排列成总状，花冠大，雪白色，极美丽，瓣中带淡绿色，冠檐浅的5圆裂，扩展。蒴果卵形，具锐尖头。

【花果期】花期夏至秋。
【产地】原产地可能为热带美洲。现广布于世界热带地区。
【繁殖】播种。

【应用】花大洁白，极美丽，目前园林中较少应用，适合庭园、景区的棚架、栅栏、篱垣等处栽培观赏。

马鞍藤

Ipomoea pes-caprae
厚藤
旋花科番薯属

【识别要点】多年生草本，全株无毛。茎平卧，有时缠绕。叶肉质，干后厚纸质，卵形、椭圆形、圆形、肾形或长圆形，顶端微缺或2裂，裂片圆，裂缺浅或深，有时具小凸尖，基部阔楔形、截平至浅心形。多歧聚伞花序腋生，有时仅1朵花发育；萼片厚纸质，卵形，花冠紫色或深红色，漏斗状。蒴果球形，果皮革质，4瓣裂。种子三棱状圆形，密被褐色茸毛。

【花果期】花期几乎全年，主要花期夏季。

【产地】浙江、福建、台湾、广东、海南、广西。海滨常见，多生长在沙滩上及路边向阳处。广布于热带沿海地区。

【繁殖】播种。

【应用】性强健，叶奇特，花美丽，多用于海滨沙滩绿化，也可用于篱垣、沙生植物区地面覆盖。

茑萝

Ipomoea quamoclit
茑萝松、锦屏封
旋花科番薯属

【识别要点】一年生柔弱缠绕草本，无毛。叶卵形或长圆形，羽状深裂至中脉，具10～18对线形至丝状的平展细裂片，裂片先端锐尖。花序腋生，由少数花组成聚伞花序；花直立，萼片绿色，稍不等长，椭圆形至长圆状匙形；花冠高脚碟状，深红色，管柔弱，上部稍膨大，冠檐开展，5浅裂。蒴果卵形，种子4，卵状长圆形，黑褐色。

【花果期】花期夏季；果期秋季。

【产地】原产热带美洲。我国各地均有栽培。

【繁殖】播种。

【应用】枝叶纤秀，易栽培，花美丽，多用于小型花架、栅栏、绿篱等垂直绿化，或盆栽用于阳台、天台美化。

木鳖子

Momordica cochinchinensis
番木鳖
葫芦科苦瓜属

【识别要点】粗壮大藤本，长达15m，具块状根。叶片卵状心形或宽卵状圆形，3～5中裂至深裂或不分裂，中间的裂片最大，倒卵形或长圆状披针形，先端急尖或渐尖，有短尖头，边缘有波状小齿或稀近全缘，侧裂片较小，卵形或长圆状披针形基部心形，基部弯缺半圆形。雌雄异株。雄花单生于叶腋或有时3～4朵着生在极短的总状花序轴上，花萼筒漏斗状，花冠黄色，裂片卵状长圆形；雌花单生于叶腋，花冠、花萼同雄花。果实卵球形，顶端有1短喙，基部近圆，成熟时红色，肉质，种子多数。

【花果期】花期6～8月；果期8～10月。

【产地】华东、华南、华中及西南部分地区。生于海拔450～1 100m的山沟、林缘及路旁。中南半岛及印度半岛也有。

【繁殖】播种。

【应用】花形奇特，果大红艳，观花、观果均可，可用于大型棚架、廊亭垂直绿化。

糙点栝楼

Trichosanthes dunniana

红花栝楼

葫芦科栝楼属

【识别要点】藤状攀缘草本，长3～4m。茎中等粗。叶互生，叶片纸质，近圆形，掌状5～7深裂，上面绿色，裂片倒卵状长圆形，中间裂片先端渐尖，基部收缩，边缘具疏细齿，两侧裂片较小，最外者卵状三角形，叶基心形。雌雄异株。雄花总状花序腋生，中上部具5～10花，花冠淡红色，裂片5，倒卵形，边缘具流苏；雌花未见。果实长圆形，熟时红色，种子多数，果肉绿色。种子卵形。

【花果期】花期5～11月；果期8～12月。

【产地】广东、广西、贵州、云南、四川及西藏等地。生于海拔150～1 900m的山谷密林中、山坡疏林及灌丛中。东南亚也有。

【繁殖】播种。

【应用】为极美丽的观花观果植物，花形奇特，果实红艳，适合大型棚架、廊架、绿篱绿化，也可用于大树的树干、山石的垂直绿化。但本种枝叶繁密，覆盖性强，攀爬至树梢会导致植株生长不良。

毛萼口红花

Aeschynanthus lobbianus

口红花

苦苣苔科芒毛苣苔属

【识别要点】多年生藤本植物。叶对生，长卵形，全缘，叶面浓绿色，叶背浅绿色。花序多腋生或顶生，花萼筒状，黑紫色披茸毛，花冠筒状，红色至红橙色，从花萼中伸出。果实为蒴果。

【花果期】夏季。

【产地】马来半岛及爪哇。

【繁殖】扦插。

【应用】花形奇特，极美观，多盆栽悬吊栽培观赏，可用于阳台、窗台等处装饰。

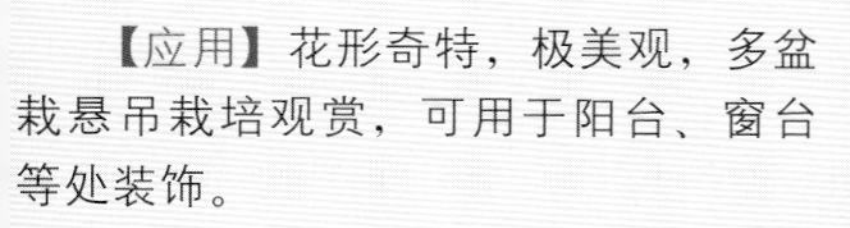

蝶豆

Clitoria ternatea
蓝蝴蝶
豆科蝶豆属

【识别要点】攀缘状草质藤本。茎、小枝细弱，被脱落性贴伏短柔毛。小叶5 ～ 7，但通常为5，薄纸质或近膜质，宽椭圆形或有时近卵形，先端钝，微凹，常具细微的小凸尖，基部钝。花大，单朵腋生；花萼膜质，5裂，裂片披针形，花冠蓝色、粉红色或白色，旗瓣宽倒卵形，中央有一白色或橙黄色浅晕，翼瓣与龙骨瓣远较旗瓣为小。果实为荚果，有种子6 ～ 10颗。

【花果期】花期7 ～ 10月；果期8 ～ 11月。

【产地】原产印度。现世界各热带地区常见栽培。我国广东、海南、广西、云南、台湾、浙江、福建有栽培。

【繁殖】播种。

【应用】色泽艳丽，花期长，性强健，多栽培于小型花架、绿篱、墙垣处观赏，盆栽可用于阳台及天台绿化；根及种子有毒，忌误食。

紫花西番莲

Passiflora amethystina

堇色西番莲

西番莲科西番莲属

【识别要点】多年生常绿藤本。叶纸质，基部心形，掌状3裂，裂片卵状长圆形，全缘。聚伞花序退化，仅1花，花大，花萼及花瓣内面紫色，背面绿色，副花冠丝状，紫色。果实为浆果。

【花果期】花期夏秋季。

【产地】原产巴西、巴拉圭、玻利维亚。

【繁殖】扦插。

【应用】花形奇特美丽，观赏性极佳，为著名藤本，可用于花架、绿篱及阳台绿化。

鸡蛋果 *Passiflora edulis*

百香果

西番莲科西番莲属

【识别要点】草质藤本，长约6m。茎具细条纹，无毛。叶纸质，基部楔形或心形，掌状3深裂，中间裂片卵形，两侧裂片卵状长圆形，裂片边缘有内弯腺尖细锯齿。聚伞花序退化，仅存1花，与卷须对生；花芳香；萼片5枚，外面绿色，内面绿白色；花瓣5枚，与萼片等长；外副花冠裂片4～5轮，外2轮裂片丝状，约与花瓣近等长，基部淡绿色，中部紫色，顶部白色，内3轮裂片窄三角形；内副花冠非褶状，顶端全缘或为不规则撕裂状。浆果卵球形，熟时紫色；种子多数，卵形。

【花果期】花期6月；果期11月。

【产地】原产大安的列斯群岛和小安的列斯群岛。现广植于热带和亚热带地区。我国广东、海南、福建、云南、台湾有栽培。有时逸生于海拔180～1 900m的山谷丛林中。

【繁殖】播种、扦插。

【应用】性强健，生长快，适合棚架、花篱或庭院栽培观赏；果可生食或作蔬菜，也可用于制作饮料；种子榨油供食用。

珊瑚藤

Antigonon leptopus

旭日藤

蓼科珊瑚藤属

【识别要点】多年生攀缘藤本。茎由肥厚的块根发出，长达10m。叶纸质，卵状三角形，顶端长渐尖，基部戟形。总状花序顶生或生于枝上部的叶腋内，花淡红色，有时白色。瘦果卵状三角形。

【花果期】花果期全年，以夏季最盛。

【产地】墨西哥。现广植于热带地区。

【繁殖】播种或扦插。

【应用】花期极长，繁花满枝，极美丽，园林中用于凉亭、棚架、栅栏绿化，也可植于坡面作地被植物。也是庭院垂直绿化的优良材料。

玉叶金花

Mussaenda pubescens
野白纸扇
茜草科玉叶金花属

【识别要点】攀缘灌木。嫩枝被贴伏短柔毛。叶对生或轮生，膜质或薄纸质，卵状长圆形或卵状披针形，顶端渐尖，基部楔形。聚伞花序顶生，密花，萼裂片线形，通常比花萼管长2倍以上，花冠黄色，花冠裂片长圆状披针形，渐尖，内面密生金黄色小疣突。浆果近球形，干时黑色。

【花果期】花期6～7月。

【产地】广东、香港、海南、广西、福建、湖南、江西、浙江和台湾。生于灌丛、溪谷、山坡或村旁。

【繁殖】扦插。

【应用】性强健，生长快，具有野性美，园林中可用于路边、坡地、山石边或水岸边绿化，也可作水土保持植物。

鸡矢藤

Paederia scandens

牛皮冻、鸡屎藤

茜草科鸡矢藤属

【识别要点】藤本。茎长3～5m，无毛或近无毛。叶对生，纸质或近革质，形状变化很大，卵形、卵状长圆形至披针形，顶端急尖或渐尖，基部楔形或近圆或截平。圆锥花序式的聚伞花序腋生和顶生，花冠浅紫色，外面被粉末状柔毛，里面被茸毛，顶部5裂。小坚果无翅，浅黑色。

【花果期】花期5～7月。

【产地】黄河流域及以南地区。生于海拔200～2 000m的山坡、林中、林缘、沟谷边灌丛中或缠绕在灌木上。朝鲜、日本及东南亚也有。

【繁殖】播种。

【应用】野性强，适应性广，花美丽，有一定的观赏性，园林中尚无应用，可引种至小型棚架、花架栽培观赏。

倒地铃

Cardiospermum halicacabum
风船葛
无患子科倒地铃属

【识别要点】攀缘藤本，长1～5m。2回3出复叶，轮廓为三角形；小叶近无柄，薄纸质，顶生的斜披针形或近菱形，顶端渐尖，侧生的稍小，卵形或长椭圆形，边缘有疏锯齿或羽状分裂。圆锥花序少花，萼片4，花瓣乳白色，倒卵形。蒴果梨形、陀螺状倒三角形或有时近长球形，种子黑色，有光泽。

【花果期】花期夏秋；果期秋季至初冬。

【产地】我国东部、南部和西南部很常见，北部较少。生长于田野、灌丛、路边和林缘。全世界热带和亚热带地区广布。

【繁殖】播种。

【应用】花小，有一定观赏价值，果奇特，可用于小型花架及棚架绿化，也可盆栽用于阳台、天台观赏。

蓝花草

Ruellia brittoniana
翠芦莉
爵床科蓝花草属

【识别要点】茎直立，高55～110（～150）cm。叶柄、花序轴和花梗均无毛。叶片五角形，3全裂，中央全裂片菱形或菱状倒卵形，渐尖，在中部3裂，2回裂片有少数小裂片和卵形粗齿，侧全裂片宽为中央全裂片的2倍。总状花序数个组成圆锥花序，萼片蓝紫色，卵形或椭圆形，花瓣蓝色，无毛或有疏缘毛，顶端2浅裂。果实为蓇葖果，种子倒卵球形。

【花果期】7～8月开花。

【产地】墨西哥。

【繁殖】播种、扦插或分株。

【应用】极易栽培，耐热、耐湿性好，生长繁茂，花蓝艳可爱，适合在公园、庭院等的路边、墙垣边或水岸边栽培观赏。

青葙

Celosia argentea
野鸡冠花、百日红
苋科青葙属

【识别要点】一年生草本，高0.3～1m，全体无毛。茎直立，有分枝。叶片矩圆披针形、披针形或披针状条形，少数卵状矩圆形，绿色常带红色，顶端急尖或渐尖，具小芒尖，基部渐狭。花多数，密生，在茎端或枝端成塔状或圆柱状穗状花序，花被片矩圆状披针形，初为白色顶端带红色，或全部粉红色，后成白色。胞果卵形。

【花果期】花期5～7月；果期8～9月。

【产地】遍布全国。生于平原、田边、丘陵及山坡等处。东南亚、非洲及日本、俄罗斯、朝鲜也有。

【繁殖】播种。

【应用】性强健，生长快，具有野性美，园林中较少应用，适合边坡地、荒地边绿化，也可用于园林绿地作背景材料。

垂笑君子兰

Clivia nobilis
君子兰
石蒜科君子兰属

【识别要点】多年生草本。茎基部宿存的叶基呈鳞茎状。基生叶约有十几枚，质厚，深绿色，具光泽，带状，边缘粗糙。花茎由叶丛中抽出，稍短于叶；伞形花序顶生，多花，开花时花稍下垂；花被狭漏斗形，橘红色。浆果红色。

【花果期】花期夏季。

【产地】非洲南部。我国引种栽培。

【繁殖】播种、分株。

【应用】花序大，花朵悬垂于花葶之上，色泽红艳，花期长，多盆栽观赏，在岭南地区可植于山石边、水岸边或疏林草地中，可片植或用于点缀。

红花文殊兰 *Crinum × amabile* 石蒜科文殊兰属

【识别要点】多年生球根植物。叶基生，宽带形，先端尖，无叶柄，边全缘，绿色。伞形花序有花多朵，总苞片2，花高脚碟状，花被管长。花被片披针形，中间粉红色，两边逐渐变淡并呈白色。果实为蒴果。

【花果期】花期几乎全年，以夏季为盛。

【产地】杂交种，我国有栽培。引自印度尼西亚。

【繁殖】分球。

【应用】叶片繁茂，花大色艳，为岭南常见栽培的观花植物，适合公园、绿地、庭院等群植、片植绿化。

文殊兰

Crinum asiaticum var. *sinicum*
文珠兰
石蒜科文殊兰属

【识别要点】多年生粗壮草本。鳞茎长柱形。叶20～30枚，多列，带状披针形，长可达1m，顶端渐尖，具1急尖的尖头。花茎直立，几与叶等长，伞形花序有花10～24朵，佛焰苞状总苞片披针形，花高脚碟状，芳香；花被管纤细绿白色，花被裂片线形，向顶端渐狭，白色。蒴果近球形。

【花果期】花期5～10月。
【产地】福建、广东、广西及台湾等地。多生于海滨地区或河旁沙地。
【繁殖】分株、播种。

【应用】花洁白芳香，叶花均可观赏，可用于公园、风景区等路边、水岸边成片栽培或用于海岸沙地绿化，也可用于庭院、草地一隅等点缀。文殊兰为佛教著名的“五树六花”之一，寺院里常见栽培。

白缘文殊兰 *Crinum asiaticum* 'Variegatum'

石蒜科文殊兰属

【识别要点】多年生粗壮草本。鳞茎长柱形。叶20～30枚，多列，带状披针形，带有白纹，长可达1m，顶端渐尖，具1急尖的尖头。花茎直立，伞形花序，花高脚碟状，芳香，白色。蒴果近球形。

【花果期】花期5～10月。

【产地】栽培种。

【繁殖】分株。

【应用】花洁白芳香，叶花均可观赏，多用于公园、绿地、庭院栽培，也适合居室客厅、卧室等摆放观赏。

大叶仙茅

Curculigo capitulata
野棕
石蒜科仙茅属

【识别要点】粗壮草本，高达1m。根状茎粗厚，块状，具细长的走茎。叶通常4～7枚，长圆状披针形或近长圆形，纸质，全缘，顶端长渐尖，具折扇状脉。花茎通常短于叶，总状花序强烈缩短成头状，球形或近卵形，俯垂，具多数排列密集的花；苞片卵状披针形至披针形，花黄色，花被裂片卵状长圆形。浆果近球形，白色，种子黑色。

【花果期】花期5～6月；果期8～9月。

【产地】福建、台湾、广东、海南、广西、四川、贵州、云南、西藏。生于海拔850～2 200m的林下或阴湿处。印度、尼泊尔、孟加拉国、斯里兰卡、缅甸、越南、老挝和马来西亚也有。

【繁殖】分株。

【应用】性强健，叶大秀美，为岭南地区常见栽培的观叶植物，多用于林下、林缘、水岸边、阶旁或山石边绿化，也适合庭院栽培观赏。

水鬼蕉

Hymenocallis littoralis
蜘蛛兰
石蒜科水鬼蕉属

【识别要点】多年生球茎草本植物。叶10～12枚，剑形，顶端急尖，基部渐狭，深绿色，多脉，无柄。花茎扁平，佛焰苞状总苞片的基部极阔。花茎顶端生花3～8朵，白色，花被管纤细，花被裂片线形，通常短于花被管。果实为蒴果。

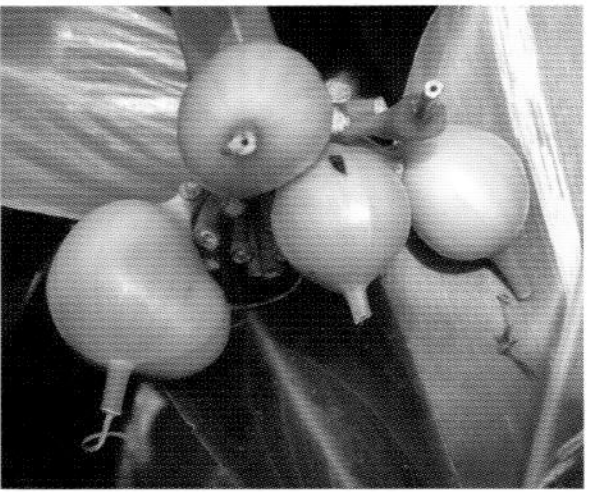

【花果期】花期夏末秋初。
【产地】美洲热带。
【繁殖】分球。

【应用】花形别致，洁白雅致，为岭南地区常见观花草本，多用于庭园的路边、草坪边缘或水体岸边片植观赏。

韭兰 *Zephyranthes carinata*

风雨花

石蒜科葱莲属

【识别要点】多年生草本。鳞茎卵球形，直径2～3cm。基生叶常数枚簇生，线形，扁平。花单生于花茎顶端，总苞片常带淡紫红色，花玫瑰红色或粉红色，花被裂片6，裂片倒卵形。蒴果近球形，种子黑色。

【花果期】花期夏、秋。

【产地】原产南美。我国引种栽培。

【繁殖】分球。

【应用】花大美丽，栽培品种较多，可用于庭园的花坛、花境和草地镶边，盆栽可用于阳台、窗台等装饰。

黄花葱兰 *Zephyranthes citrine* 石蒜科葱莲属

【识别要点】多年生常绿草本，具鳞茎，株高15～20cm。叶狭线形，绿色。花茎自叶丛中抽出，花瓣6，黄色。果实为蒴果。

【花果期】花期夏、秋；果期秋、冬。

【产地】墨西哥。

【繁殖】分球或播种。

【应用】花金黄，明艳秀丽，适合公园、庭院等路边、山石边或墙垣边栽培观赏，盆栽可用于窗台及阳台点缀。

小韭兰

Zephyranthes rosea
玫瑰韭兰
石蒜科葱莲属

【识别要点】多年生常绿草本，株高15～30cm。地下鳞茎卵形。叶基生，扁线形，绿色。花茎从叶丛中抽出，花单生于花茎顶端，喇叭状，桃红色。蒴果近球形。

【花果期】花期夏至秋季。

【产地】古巴。

【繁殖】分球。

【应用】花色明艳，生长繁茂，适合公园、绿地、庭院的路边、墙垣边或花坛栽培，也可作地被植物。

白掌 *Spathiphyllum kochii*

白鹤芋

天南星科苞叶芋属

【识别要点】多年生常绿草本植物，株高40～60cm。叶长圆形或近披针形，有长尖，基部圆形，叶色浓绿。佛焰苞直立向上，稍卷，白色。肉穗花序圆柱状。果实为浆果。

【应用】株形优美，花期长，适合居家客厅、卧室、书房等装饰。岭南地区也可用于园林中，适于庇荫的林下栽培观赏。

【花果期】花期5～10月。

【产地】美洲热带地区。我国各地有栽培。

【繁殖】播种、分株。

马利筋

Asclepias curassavica
莲生桂子、芳草花
萝藦科马利筋属

【识别要点】多年生直立草本，灌木状，高达80cm，全株有白色乳汁。叶膜质，披针形至椭圆状披针形，顶端短渐尖或急尖，基部楔形而下延至叶柄，无毛或在脉上有微毛。聚伞花序顶生或腋生，着花10～20朵；花萼裂片披针形，花冠紫红色，裂片长圆形，反折；副花冠生于合蕊冠上，5裂，黄色，匙形。蓇葖披针形，长6～10cm，种子卵圆形。

黄冠马利筋

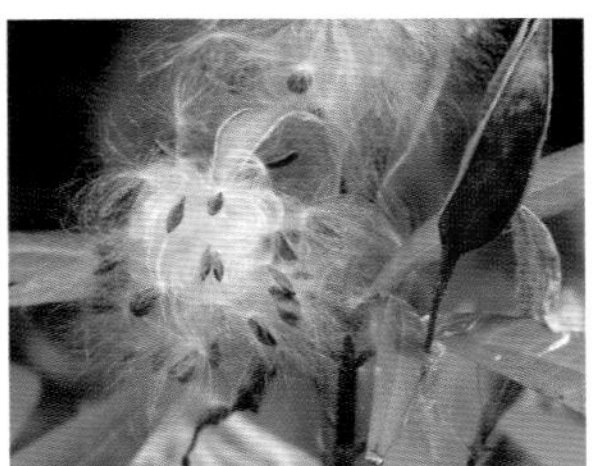

【花果期】花期6～8月；果期夏秋。

【产地】广东、广西、云南、贵州、四川、湖南、江西、福建、台湾等地均有栽培，也有逸为野生和驯化。

【繁殖】播种、扦插。

【应用】性强健，能极好适应岭南地区的环境，目前已少量逸生于路边、荒地之中。花奇特美丽，可片植于园路边、边坡、滨水岸边处观赏。常见栽培的品种有黄冠马利筋（*Asclepias curassavica* 'Flaviflora'）。马利筋属植物均含有剧毒，在医药领域占有重要地位。

新几内亚凤仙 *Impatiens hawkeri*

凤仙花科凤仙花属

【识别要点】多年生常绿草本。茎肉质，分枝多。叶互生，有时上部轮生状；叶片卵状披针形，叶脉红色。花单生或数朵聚成伞房花序，花瓣桃红、粉红、橙红、紫红、白等色。果实为蒴果。

【花果期】花期6～8月。

【产地】原产新几内亚。现种植的均为园艺种。

【繁殖】播种。

【应用】花大美丽，花期长，岭南地区多见栽培。多盆栽，用于居家阳台、客厅、卧室、书房等观赏。

非洲凤仙花

Impatiens walleriana

苏丹凤仙花、玻璃翠

凤仙花科凤仙花属

【识别要点】多年生肉质草本，高30～70cm。茎直立，绿色或淡红色，不分枝或分枝。叶互生或上部螺旋状排列，具柄，叶片宽椭圆形或卵形至长圆状椭圆形，顶端尖或渐尖，有时突尖，基部楔形，稀少圆形。总花梗生于茎、枝上部叶腋，通常具2花，稀具3～5花，或有时具1花，花大小及颜色多变化，鲜红、深红、粉红、紫红、淡紫或蓝紫色，有时白色。侧生萼片2，淡绿色或白色，旗瓣宽倒心形或倒卵形，翼瓣无柄。蒴果纺锤形，无毛。

【花果期】花期6～10月。

【产地】原产非洲东部。生于海拔1 800m的林区阴湿处。现在世界各地广泛栽培。

【繁殖】扦插。

【应用】开花繁茂，花期极长。凤仙花属植物在园林中应用较少，本种常见栽培，多片植于园路边、林缘等处用于花境观赏，也可盆栽用于室内欣赏。

琉璃苣

Borago officinalis
玻璃苣
紫草科琉璃苣属

【识别要点】一年生草本植物，株高50～60cm。叶卵形，叶面粗糙，叶脉处正面下凹，有叶翼，叶面布满细毛。聚伞花序，花冠深蓝色或淡紫色，具芳香。果实为坚果。

【花果期】花期5～10月；果期7～11月。
【产地】地中海沿岸及小亚细亚。
【繁殖】播种。

【应用】花色优雅，可植于庭院或花坛栽培观赏；常用作蔬菜栽培，花及叶可作为佐料，具黄瓜的清香；花及叶入药；种子可提炼精油。

同瓣草

Hippobroma longiflora
许氏草
桔梗科许氏草属

【识别要点】多年生直立草本，株高50～80cm。叶互生，纸质，披针形。花单生叶腋，花冠管长，5裂，白色。全株具乳汁。蒴果椭圆形。

【花果期】花期7～11月；果期8～12月。

【产地】热带美洲、大洋洲及西印度群岛。

【繁殖】播种。

【应用】花洁白素雅，目前园林中应用较少，适合庭园的花坛、园路边栽培观赏，也可盆栽。

南非山梗菜

Lobelia erinus
六倍利
桔梗科半边莲属

【识别要点】多年生草本，多作一年生栽培。株高15～30cm，匍匐，具分枝。茎生叶下部较大，上部较小，对生，下部叶匙形，具疏齿或全缘，先端钝，上部叶披针形，近顶部叶宽线形而尖。总状花序，花冠蓝、粉红、紫、白等色，冠檐二唇形，上唇2裂，披针形，下部3裂，卵圆形。

【花果期】夏秋。
【产地】南部非洲。我国引种栽培。
【繁殖】播种。

【应用】品种繁多，花期长，开花繁盛，应用广泛，可群植于园路边、草地中、林缘营造群体景观，也是花境常用的花材之一，常用于吊盆栽植打造立体景观。单一品种或多品种混植均可取得良好效果。

桔梗

Platycodon grandiflorus

铃铛花

桔梗科桔梗属

【识别要点】茎高20～120cm，通常无毛，不分枝，极少上部分枝。叶全部轮生、部分轮生至全部互生，无柄或有极短的柄，叶片卵形、卵状椭圆形至披针形，基部宽楔形至圆钝，顶端急尖，边缘具细锯齿。花单朵顶生，或数朵集成假总状花序，或有花序分枝而集成圆锥花序；花冠大，蓝色或紫色。蒴果球状，或球状倒圆锥形，或倒卵状。

【花果期】花期7～9月。

【产地】东北、华北、华东、华中各省及广东、广西、贵州、云南、四川、陕西等地。生于海拔2 000m以下的阳处草丛、灌丛中，少生于林下。朝鲜、日本、俄罗斯也有。

【繁殖】播种、分株。

【应用】花色优雅，极为可爱，岭南地区多盆栽观赏，园林中尚无应用。

紫背万年青

Rhoeo spathacea
蚌花、小蚌花
鸭跖草科紫背万年青属

【识别要点】多年生常绿草本，株高20～30cm。茎短，叶簇生于茎上，叶面绿色，叶背紫色。花白色，腋生，苞片蚌状。果实为蒴果。

【花果期】花期 7～10月。

【产地】墨西哥。

【繁殖】分株、扦插。

【应用】彩叶植物，性强健，耐粗放管理，园林应用广泛，多用于路边栽培，也可用于花境及花坛。

紫锦草

Setcreasea purpurea

紫鸭跖草

鸭跖草科紫竹梅属

【识别要点】多年生草本，株高30～50cm，匍匐或下垂。叶长椭圆形，卷曲，先端渐尖，基部抱茎，叶紫色，具白色短茸毛。聚伞花序顶生或腋生，花桃红色。果实为蒴果。

【花果期】主花期夏季，春、秋也可见花。

【产地】墨西哥。

【繁殖】扦插。

【应用】叶色美观，小花也具有观赏性，园林中常用于路边、山石边、花坛边缘栽培观赏，也可作地被植物。

野菊

Chrysanthemum indicum
路边黄、黄菊仔
菊科茼蒿属

【识别要点】多年生草本，高0.25～1m。茎直立或铺散，分枝或仅在茎顶有伞房状花序分枝。基生叶和下部叶花期脱落。中部茎叶卵形、长卵形或椭圆状卵形，羽状半裂、浅裂或分裂不明显而边缘有浅锯齿。基部截形或稍心形或宽楔形。头状花序，多数在茎枝顶端排成疏松的伞房圆锥花序，少数在茎顶排成伞房花序。舌状花黄色，舌片顶端全缘或2～3齿。果实为瘦果。

【花果期】花期6～11月。

【产地】东北、华北、华中、华南及西南各地。生于草地、灌丛、河边、田边及路旁。印度、日本、朝鲜及俄罗斯也有。

【繁殖】播种。

【应用】开花极为繁盛，具有野趣，多用于篱垣边或水岸边种植观赏。

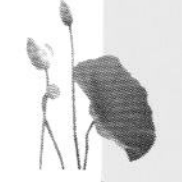

蛇鞭菊

Liatris spicata
马尾花、麒麟菊
菊科蛇鞭菊属

【识别要点】多年生草本。茎直立。叶基生，线形，绿色，全缘。头状花序排成穗状，小花紫色。果实为蒴果。

【花果期】夏末秋初，岭南地区炎热，可于冬末春初种植。

【产地】美国。

【繁殖】播种、块茎。

【应用】花期长，除作为切花外，园林中可用于布置花境、花带或林缘种植，也常用于庭院栽培观赏。

银叶菊

Senecio cineraria
雪叶草、雪叶莲
菊科千里光属

【识别要点】多年生草本，高50～80cm。茎灰白色，植株多分枝，叶1～2回羽状裂，正反面均被银白色柔毛。头状花序单生枝顶，花小、黄色。果实为瘦果。

【花果期】花期6～9月。
【产地】南欧。
【繁殖】播种或扦插。

【应用】叶色银白，观赏价值高，园林中常用来布置花境、花坛或造型等，也适合盆栽观赏。

金钮扣

Spilanthes paniculata

散血草、小铜锤

菊科金钮扣属

【识别要点】一年生草本。茎直立或斜立，多分枝，带紫红色。叶卵形、宽卵圆形或椭圆形，顶端短尖或稍钝，基部宽楔形至圆形，全缘，波状或具波状钝锯齿。头状花序单生或圆锥状排列，卵圆形，有或无舌状花；花黄色，雌花舌状，舌片宽卵形或近圆形，顶端3浅裂；两性花花冠管状。瘦果长圆形，稍扁压。

【花果期】主要花期夏秋。

【产地】云南、广东、海南、广西及台湾。常生于海拔800～1 900m田边、沟边、溪旁潮湿地、荒地、路旁及林缘。印度、尼泊尔、缅甸、泰国、越南、老挝、柬埔寨、印度尼西亚、马来西亚、日本也有。

【繁殖】播种。

【应用】性强健，小花具有较高的观赏性，目前园林没有应用，可引种至湖岸边、池边或坡地等作地被植物。

猩猩草

Euphorbia cyathophora
草本象牙红、草本一品红
大戟科大戟属

【识别要点】一年生或多年生草本。根圆柱状。叶互生，卵形、椭圆形或卵状椭圆形，先端尖或圆，基部渐狭，边缘波状分裂或具波状齿或全缘；总苞叶与茎生叶同形，较小，淡红色或仅基部红色。花序单生，数枚聚伞状排列于分枝顶端，总苞钟状，绿色。果实为蒴果，三棱状球形。

【花果期】5～11月。

【产地】原产中南美洲。归化于旧大陆。

【繁殖】播种、扦插。

【应用】广泛栽培于我国大部分地区，常见于公园、植物园及温室中，用于观赏。

喜荫花 *Episcia cupreata*

红桐草

苦苣苔科喜阴花属

【识别要点】多年生草本植物，株高10～15cm。叶对生，长椭圆形，叶上布满细茸毛。花腋生，花瓣5枚，花色有红色、橘色，也有黄、粉红、蓝、白等色。果实为蒴果。

【花果期】花期5～9月；果期秋季。

【产地】南美洲。

【繁殖】播种、扦插、走茎繁殖。

【应用】花叶俱美，多盆栽，适合窗台、阳台、卧室及书房栽培观赏。

非洲堇

Saintpaulia ionantha
非洲紫罗兰
苦苣苔科非洲紫罗兰属

【识别要点】多年生草本植物。叶片轮状平铺生长呈莲座状，叶卵圆形全缘，先端稍尖。花梗自叶腋间抽出，花单朵顶生或交错对生，花色有深紫罗兰色、蓝紫色、浅红色、白色、红色等，有单瓣、重瓣之分。果实为蒴果。

【花果期】夏至冬。
【产地】非洲东部热带地区。
【繁殖】分株、扦插。

【应用】品种繁多，花色、叶色各异，观赏性强，多盆栽欣赏，可装饰客厅、案几、阳台、窗台等，也可用于会议室、办公室等地。

大岩桐 *Sinningia speciosa*

落雪泥

苦苣苔科大岩桐属

【识别要点】多年生草本，株高15～25cm。叶对生，质厚，长椭圆形，肥厚而大，缘具钝锯齿。花顶生或腋生，花冠钟状，花色有蓝、粉红、白、红、紫等，还有白边蓝花、白边红花双色和重瓣花。果实为蒴果。

【花果期】花期夏季；果期秋季。

【产地】南美巴西。

【繁殖】播种、分球或叶插。

【应用】花大色艳，是我国家庭常见栽培的观花盆栽，用于居家的窗台、案几、花架等处摆放装饰。

射干

Belamcanda chinensis
交剪草、野萱花
鸢尾科射干属

【识别要点】多年生草本。根状茎为不规则的块状，斜伸，黄色或黄褐色。叶互生，嵌叠状排列，剑形，基部鞘状抱茎，顶端渐尖，无中脉。花序顶生，叉状分枝，每分枝的顶端聚生有数朵花；花橙红色，散生紫褐色的斑点，花被裂片6，2轮排列。蒴果倒卵形或长椭圆形，种子圆球形，黑紫色，有光泽。

【花果期】花期6～8月；果期7～9月。

【产地】全国大部分地区。生于海拔2 200m以下林缘或山坡草地，大部分生于海拔较低的地方。朝鲜、日本、印度、越南、俄罗斯也有。

【繁殖】分株、扦插或播种。

【应用】花姿清雅，适合公园路边、水畔、山石边栽种，也适合植于小区、庭院绿化环境，目前在岭南应用不多。

唐菖蒲

Gladiolus gandavensis
剑兰、十样锦
鸢尾科唐菖蒲属

【识别要点】多年生草本。球茎扁圆球形，直径2.5～4.5cm。叶基生或在花茎基部互生，剑形，基部鞘状，顶端渐尖，嵌叠状排成2列，灰绿色。花茎直立，高50～80cm，不分枝，顶生穗状花序；花在苞内单生，两侧对称，有红、黄、白或粉红等色，花被裂片6，2轮排列，内、外轮的花被裂片皆为卵圆形或椭圆形，上面3片略大。蒴果椭圆形或倒卵形，成熟时室背开裂；种子扁而有翅。

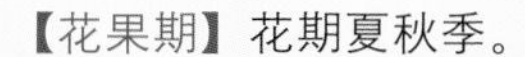

【花果期】花期夏秋季。
【产地】园艺杂交种，世界各地广为栽培。
【繁殖】分球。

【应用】花大美丽，为著名庭园花卉，北方栽培较多，岭南地区较少栽培，多用作切花，可用于案几、卧室等装饰。

猫须草 *Clerodendranthus spicatus*

肾茶、猫须公

唇形科肾茶属

【识别要点】多年生草本。茎直立，高1～1.5m。叶卵形、菱状卵形或卵状长圆形，先端急尖，基部宽楔形至截状楔形，边缘具粗牙齿或疏圆齿，齿端具小突尖，纸质，上面榄绿色，下面灰绿色。轮伞花序6花，在主茎及侧枝顶端组成总状花序；花萼卵珠形，花冠浅紫或白色，外面被微柔毛，冠檐大，二唇形，上唇大，外反，中裂片较大，先端微缺，下唇直伸。小坚果卵形，深褐色，具皱纹。

【花果期】主花期夏季，春秋也可见花。

【产地】海南、广西、云南、台湾及福建。常生于海拔1 050m以下林下潮湿处。印度、缅甸、泰国、印度尼西亚、菲律宾、澳大利亚及邻近岛屿也有。

【繁殖】扦插。

【应用】花形奇特，花期长，适合庭院、路边、水岸边、林缘或墙垣边美化绿化，也可用于花坛或盆栽欣赏。

彩叶草

Coleus scutellarioides

洋紫苏、锦紫苏

唇形科鞘蕊花属

【识别要点】直立或上升草本。茎通常紫色，具分枝。叶膜质，大小、形状及色泽变异很大，通常卵圆形，先端钝至短渐尖，基部宽楔形至圆形，边缘具圆齿状锯齿或圆齿，色泽多样，有黄、暗红、紫色及绿色。轮伞花序多花，多数密集排列成简单或分枝的圆锥花序；花萼钟形，花冠浅紫至紫或蓝色，冠檐二唇形，上唇短，直立，4裂，下唇延长，内凹，舟形。小坚果宽卵圆形或圆形，压扁，褐色，具光泽。

【花果期】花期7月。

【产地】全国各地园圃普遍栽培。印度经马来西亚、印度尼西亚、菲律宾至波利尼西亚也有。

【繁殖】扦插、播种。

【应用】品种繁多，形态及色泽因品种而异，为常见的观叶植物，园林中常用于路边、花坛、林缘绿化或作镶边材料。

益母草

Leonurus japonicus

茺蔚、地母草

唇形科益母草属

【识别要点】一年生或二年生草本，有密生须根的主根。茎直立，通常高30～120cm。叶轮廓变化很大，茎下部叶轮廓为卵形，基部宽楔形，掌状3裂，裂片呈长圆状菱形至卵圆形，裂片上再分裂。花序最上部的苞叶近于无柄，线形或线状披针形，全缘或具稀齿。轮伞花序腋生，具8～15花，轮廓为圆球形，多数远离而组成长穗状花序；花冠粉红至淡紫红色。小坚果长圆状三棱形。

【花果期】花期通常在6～9月；果期9～10月。

【产地】全国各地。俄罗斯、朝鲜、日本、热带亚洲、非洲以及美洲各地也有。

【繁殖】播种。

【应用】为常见杂草，性强健，抗性佳，可用于荒地绿化。可入药，故也可用于药草专类园。

彩苞鼠尾草 *Salvia viridis* 唇形科鼠尾草属

【识别要点】多年生草本，株高 40 ～ 60cm。叶对生，长椭圆形，先端钝尖，基部钝，叶表有凹凸状织纹，叶缘具睫状毛，有香味。总状花序，花梗具毛，花蓝紫色，唇瓣浅粉色，花梗上部具纸质苞片，紫色有深色条纹。果实为坚果。

【花果期】花期夏季。

【产地】原产地中海沿岸至伊朗一带。

【繁殖】播种。

【应用】花序极美观，观赏性极佳，广州只有少量引种，可用于公园、绿地、庭院等绿化，适合片植用于花境或植于花坛、花台及墙垣边欣赏。

多叶羽扇豆

Lupinus polyphyllus
羽扇豆
豆科羽扇豆属

【识别要点】多年生草本，高50～100cm。茎直立，分枝成丛。掌状复叶，小叶（5）9～15（～18）枚；小叶椭圆状倒披针形，先端钝圆至锐尖，基部狭楔形，上面通常无毛，下面多少被贴伏毛。总状花序远长于复叶，花多而稠密，互生，萼二唇形，上唇较短，具双齿尖，下唇全缘；花冠蓝色至堇青色，旗瓣反折，龙骨瓣喙尖，先端呈蓝黑色。荚果长圆形，有种子4～8粒，种子卵圆形。

【花果期】花期6～8月；果期7～10月。

【产地】原产美国西部。生于河岸、草地和潮湿林地。我国有栽培。

【繁殖】播种。

【应用】花大，极美丽，因岭南地区湿热，在园林中较少采用，多用于温室栽培观赏。

吊兰 *Chlorophytum comosum*

折鹤兰、挂兰

百合科吊兰属

【识别要点】根状茎短，根稍肥厚。叶剑形，绿色或有黄色条纹，长10～30cm，宽1～2cm，向两端稍变狭。花葶比叶长，有时长可达50cm，常变为匍枝而在近顶部具叶簇或幼小植株；花白色，常2～4朵簇生，排成疏散的总状花序或圆锥花序。蒴果三棱状扁球形。

【花果期】花期5月；果期8月。

【产地】原产非洲南部。各地广泛栽培，供观赏。

【繁殖】分株。

【应用】株形美观，走茎上悬吊的小植株极为奇特，园林中可用于庇荫的林下、路边作地被植物。盆栽适合室内卧室、窗台、阳台等栽培观赏，也可吊挂栽培用于室内装饰。常见栽培的品种有金边吊兰、中斑吊兰等。

萱草

Hemerocallis fulva
忘忧草
百合科萱草属

【识别要点】多年生宿根草本，根近肉质，中下部有纺锤状膨大；叶基生，线状披针形，背面带白粉。花茎比叶长，高可达1m，花序半圆锥状，具6～12花，花橘黄色或橘红色。果实为蒴果。

【花果期】花期6～7月；果期秋季。

【产地】全国各地常见栽培。秦岭以南地区有野生。

【繁殖】分株。

【应用】性强健，易栽培，在岭南地区有野生，但园林中应用极少，可引种用于庭园栽培观赏。

帝王罗氏竹芋 *Calathea louisae* 'Emperor'

竹芋科肖竹芋属

【识别要点】多年生常绿草本，株高约40cm。叶长卵形，先端尖，基部楔形，全缘，叶面具白色或淡黄色斑块，叶背紫色。苞片绿色，花黄白色。果实为蒴果。

【花果期】花期初夏。

【产地】栽培种。

【繁殖】分株。

【应用】叶色淡雅，株形美观，适合稍庇荫的路边、水岸边、假山石边或墙垣边栽培观赏，盆栽适合卧室、书房等装饰。

艳锦竹芋

Calathea oppenheimiana 'Tricolor'
三节栉花竹芋
竹芋科肖竹芋属

【识别要点】多年生宿根草本，株高40～60cm。基生叶丛生，叶片具长柄，叶片披针形至长椭圆形，纸质，全缘。叶面散生有银灰色、浅灰、乳白、淡黄及黄色斑块或斑纹，叶背紫红色。苞片红色，小花白色。果实为蒴果。

【花果期】花期初夏。
【产地】栽培种。
【繁殖】分株。

【应用】叶色艳丽，株形美观，适合群植或片植于园路边、墙垣边及草地中，也可用作背景材料。

苹果竹芋

Calathea orbifolia

青苹果竹芋、圆叶竹芋

竹芋科肖竹芋属

【识别要点】多年生常绿草本，株高40～60cm。叶片大，薄革质，卵圆形，叶缘呈波状，先端钝圆。新叶翠绿色，老叶青绿色，有隐约的金属光泽，沿侧脉有排列整齐的银灰色宽条纹。花序穗状。果实为蒴果。

【花果期】花期夏季，极少开花。

【产地】热带美洲。

【繁殖】分株。

【应用】叶片圆润美观，为著名的观叶植物品种，多盆栽用于布置厅堂、卧室、书房等处。

玫瑰竹芋

Calathea roseopicta
彩虹竹芋
竹芋科肖竹芋属

【识别要点】多年生常绿草本，株高30 ~ 60cm。叶椭圆形或卵圆形，薄革质，叶面青绿色，叶两侧具羽状暗绿色斑块，近叶缘处有一圈玫瑰色或银白色环形斑纹。花白色并带紫色。果实为蒴果。

【花果期】花期夏季，但极少开花。
【产地】巴西、哥伦比亚。
【繁殖】分株。

【应用】叶色艳丽，为优良的观叶植物，多盆栽用于卧室、客厅、窗台及案几上欣赏，也可用于观光温室栽培。

豹斑竹芋

Maranta leuconeura

小孔雀竹芋

竹芋科肖竹芋属

【识别要点】多年生常绿草本，植株矮小，约20cm。叶阔卵形，先端尖，基部楔形，具柄，主叶脉两边具排列整齐的暗褐色斑。花小，白色。果实为蒴果。

【花果期】花期初夏。

【产地】巴西。

【繁殖】分株。

【应用】叶色奇特，极美观，为优良的观叶植物，适合花坛、园路边、山石边栽培观赏，盆栽可用于窗台、阳台、案几上摆放观赏。

翠鸟蝎尾蕉 *Heliconia hirsuta*

芭蕉科蝎尾蕉属

【识别要点】多年生常绿丛生草本植物，株高1～3m。叶片披针形，叶边缘绿褐色，薄革质，光滑，叶鞘红褐色，叶柄极短或无。花序顶生，直立，小型，花序绿色，苞片基部黄绿色，中上部紫红色。花朵筒状，萼片黄色，远端绿色，具白粉。果实为蒴果。

【花果期】花期5～10月。
【产地】美国、哥斯达黎加。
【繁殖】分株、分根茎。

【应用】花美丽，园林中常用于水岸边、山石旁或路边片植或丛植观赏，也是庭院绿化的优良花材，还可用作切花花材。

黄苞蝎尾蕉

Heliconia latispatha
金鸟赫蕉
芭蕉科蝎尾蕉属

【识别要点】多年生常绿丛生花卉，株高1.5～2.5m。单叶互生，长椭圆状披针形，革质，有光泽，深绿色，全缘。穗状花序顶生，直立，花序轴黄色，微曲成之字船形，苞片金黄色，长三角形，顶端边缘带绿色。舌状花小，绿白色。果实为蒴果。

【花果期】花期5～10月。

【产地】南美洲和西印度群岛的热带雨林中。

【繁殖】分株、分根茎。

【应用】花序金黄，花、叶是高档切花材料，园林中可用于林下及庭院稍庇荫处绿化，大型盆栽适合阶前、厅堂及会议室摆放。

百合蝎尾蕉

Heliconia psittacorum

芭蕉科蝎尾蕉属

【识别要点】多年生常绿丛生草本，株高1～2m。叶2列，叶片长圆形，具长柄，叶鞘互相抱持呈假茎。花梗灰黄色或奶油色，花序轴粉红色或淡红色，花萼片橙黄色，具蓝绿色的带状斑点，船形苞片，红色或粉红色，有绿色的尖端，基部苞片有绿色的尖端或小叶。果实为蒴果。

【花果期】花期5～8月。

【产地】哥斯达黎加。

【繁殖】分株、分根茎。

【应用】园林中可用于水岸边、庭院、山石旁绿化，丛植、片植效果均佳，盆栽可用来装饰阳台、卧室等，还可用作切花花材。

金嘴蝎尾蕉

Heliconia rostrata

金鸟赫蕉

芭蕉科蝎尾蕉属

【识别要点】多年生丛生常绿草本花卉，株高1.5～2.5m。叶互生，直立，狭披针形或带状阔披针形，革质，有光泽，深绿色，全缘。顶生穗状花序，下垂，木质苞片互生，呈2列互生排列成串，船形，基部深红色，近顶端金黄色，舌状花两性，米黄色。果实为蒴果。

【花果期】主要花期夏秋。

【产地】秘鲁、厄瓜多尔。现世界热带地区广植。

【繁殖】分株、分根茎。

【应用】花色艳丽，花姿奇特，极为美丽，是布置庭院、公园路旁、篱垣边、墙垣边的优良材料，也是高级切花材料。

红花蕉

Musa coccinea
芭蕉红、红蕉
芭蕉科芭蕉属

【识别要点】假茎高1～2m。叶片长圆形，叶面黄绿色，叶背淡黄绿色，无白粉，基部显著不相等。花序直立，苞片外面鲜红而美丽，内面粉红色，皱折明显，每一苞片内有花1列，约6朵；雄花花被片乳黄色。果实为浆果，果内种子极多。

【花果期】主要花期夏秋。

【产地】云南。散生于海拔600m以下的沟谷及水分条件良好的山坡上。越南也有。

【繁殖】分株、分根茎。

【应用】花序鲜艳，园林中常用于专类园、池畔、厅前、庭院一隅栽培观赏，也是优良的切花花材。

地涌金莲

Musella lasiocarpa
地金莲、地涌莲
芭蕉科地涌金莲属

【识别要点】植株丛生，具水平向根状茎。假茎矮小。叶片长椭圆形，先端锐尖，基部近圆形，两侧对称，有白粉。花序直立，直接生于假茎上，密集如球穗状，苞片干膜质，黄色或淡黄色，有花2列，每列4～5花；合生花被片卵状长圆形，先端齿裂。浆果三棱状卵形，种子大，扁球形。

【花果期】花期夏、秋季；果期秋、冬。

【产地】云南中部至西部。多生于海拔1 500～2 500m山间坡地或栽于庭园内。

【繁殖】分株、播种。

【应用】花大，状似金色莲花，极为奇特，园林中可植于花坛中心、假山石旁起点缀作用，也适合盆栽观赏，还可用于大型插花作品。地涌金莲与菩提树、高榕、贝叶棕、槟榔、糖棕、荷花、文殊兰、黄姜花、鸡蛋花、缅桂花并称为佛教“五树六花”，在西双版纳寺庙中栽培甚多，傣族几乎每个村寨都有种植。

旅人蕉

Ravenala madagascariensis

水树

芭蕉科旅人蕉属

【识别要点】乔木状草本。树干像棕榈，高5～6m（原产地高可达30m）。叶2行排列于茎顶，像一把大折扇，叶片长圆形，似蕉叶，长达2m。花序腋生，花序轴每边有佛焰苞5～6枚，内有花5～12朵，排成蝎尾状聚伞花序；萼片披针形，革质；花瓣与萼片相似，唯中央1枚稍较狭小。蒴果开裂为3瓣；种子肾形，被碧蓝色、撕裂状假种皮。

【花果期】花期7～8月。

【产地】原产非洲马达加斯加。我国广东、台湾、福建、云南等地有栽培。

【繁殖】播种、分株。

【应用】株形似一大型葵扇，极为奇特，花大，为热带著名观赏树种，适合群植、列植或孤植欣赏。

大鹤望兰

Strelitzia nicolai
白花鹤望兰
芭蕉科鹤望兰属

【识别要点】茎干高达8m，木质。叶片长圆形，基部圆形，不等侧；叶柄长1.8m。花序腋生，总花梗较叶柄为短，花序上通常有2个大型佛焰苞，佛焰苞绿色而染红棕色，舟状，顶端渐尖，内有花4～9朵，萼片披针形，白色，下方的1枚背具龙骨状脊突，箭头状花瓣天蓝色，中央的花瓣极小，长圆形。果实为蒴果。

【花果期】花期全年，主要花期夏季；果期10～12月。
【产地】南非。
【繁殖】播种、分株。

【应用】株形美观，花大，观赏性强，极具热带风光，可丛植于庭园的草地上、园路边等处观赏。

紫茉莉

Mirabilis jalapa
胭脂花、夜饭花
紫茉莉科紫茉莉属

【识别要点】一年生草本，高可达1m。根肥粗，倒圆锥形，黑色或黑褐色。茎直立，圆柱形，多分枝。叶片卵形或卵状三角形，顶端渐尖，基部截形或心形，全缘。花常数朵簇生枝端；花被紫红色、黄色、白色或杂色，高脚碟状，檐部5浅裂；花午后开放，有香气，次日午前凋萎。瘦果球形，革质，黑色。

【花果期】花期6～10月；果期8～11月。

【产地】原产热带美洲。我国南北各地常栽培，有时逸为野生。

【繁殖】播种、分块根。

【应用】花朵在傍晚会散发出淡香，适合花坛、花境种植，也多植于公园、小区、庭院美化环境。有一定的入侵性，极易逸生，引种时需注意。

海滨月见草

Oenothera drummondii
海边月见草、海芙蓉
柳叶菜科月见草属

【识别要点】直立或平铺一年生至多年生草本，不分枝或分枝，被白色或带紫色的曲柔毛与长柔毛。基生叶灰绿色，狭倒披针形至椭圆形，先端锐尖，基部渐狭或骤狭至叶柄，边缘疏生浅齿至全缘；茎生叶狭倒卵形至倒披针形，有时椭圆形或卵形，先端锐尖至浑圆，基部渐狭或骤狭至叶柄，边缘疏生浅齿至全缘，稀在下部呈羽裂状。花序穗状，疏生茎枝顶端，通常每日傍晚开一朵花；花瓣黄色，宽倒卵形。种子椭圆状。

【花果期】花期5～8月；果期8～11月。

【产地】原产美国大西洋海岸与墨西哥湾海岸。我国福建、广东等地有栽培，并在沿海海滨野化。

【繁殖】播种。

【应用】花亮黄色，极美丽，在部分沿海地区归化，可用于沙生植物园或滨海海滩栽培绿化。

香花指甲兰

Aerides odorata

芳香指甲兰

兰科指甲兰属

【识别要点】附生草本。茎粗壮。叶厚革质，宽带状，先端钝并且不等侧2裂，基部具关节和鞘。总状花序下垂，近等长或长于叶，密生许多花；花大，开展，芳香，白色带粉红色；中萼片椭圆形，侧萼片基部贴生在蕊柱足上，宽卵形，花瓣近椭圆形，唇瓣着生于蕊柱足末端，3裂。果实为蒴果。

【花果期】花期5月。

【产地】广东、云南等地。生于山地林中树干上。广布于热带喜马拉雅至东南亚。

【繁殖】播种、分株。

【应用】花繁密，观赏性极佳，适合庭园、绿地、风景区附着于树干栽培欣赏，也可盆栽。

多花指甲兰 *Aerides rosea*

兰科指甲兰属

【识别要点】茎粗壮，长5 ~ 20cm。叶肉质，狭长圆形或带状，先端钝并且不等侧2裂。花序叶腋生，常1 ~ 3个，不分枝，比叶长，密生许多花；花苞片绿色，质地厚；花白色带紫色斑点，开展，中萼片近倒卵形，侧萼片稍斜卵圆形，花瓣与中萼片相似而等大，唇瓣3裂。蒴果近卵形。

【花果期】花期7月；果期8月至翌年5月。

【产地】广西、贵州、云南。生于海拔320 ~ 1 530m的山地林缘或山坡疏生的常绿阔叶林中树干上。不丹、印度东北部、缅甸、老挝、越南也有。

【繁殖】播种、分株。

【应用】花繁密，具有较高的观赏价值，多用于附树栽培观赏，也可盆栽。

泽泻虾脊兰

Calanthe alismifolia
细点根节兰
兰科虾脊兰属

【识别要点】根状茎不明显。假鳞茎细圆柱形。无明显的假茎。具3～6枚叶，叶在花期全部展开，椭圆形至卵状椭圆形，形似泽泻叶，先端急尖或锐尖，基部楔形或圆形并收狭为柄。花葶1～2个，从叶腋抽出，总状花序，具3至10余朵花；花白色或有时带浅紫堇色；萼片近相似，近倒卵形，花瓣近菱形，先端钝，基部收狭，唇瓣基部与整个蕊柱翅合生，比萼片大，向前伸展，3深裂。果实为蒴果。

【花果期】花期6～7月。

【产地】台湾、湖北、四川、云南和西藏。生于海拔800～1 700m的常绿阔叶林下。印度东北部、越南、日本也有。

【繁殖】分株。

【应用】花美丽，易栽培，适合公园、绿地、庭院等稍庇荫的林下或林缘栽培观赏，也常盆栽或用于兰花专类园。

建兰

Cymbidium ensifolium
四季兰
兰科兰属

【识别要点】地生植物。假鳞茎卵球形，包藏于叶基之内。叶2～4（～6）枚，带形，有光泽，前部边缘有时有细齿。花葶从假鳞茎基部发出，直立，长20～35cm或更长，但一般短于叶；总状花序具3～9（～13）朵花；花常有香气，色泽变化较大，通常为浅黄绿色而具紫斑。果实为蒴果。

【花果期】花期通常为6～10月。

【产地】安徽、浙江、江西、福建、台湾、湖南、广东、海南、广西、四川西南部、贵州和云南。生于海拔600～1 800m疏林下、灌丛中、山谷旁或草丛中。广泛分布于东南亚和南亚各国，北至日本。

【繁殖】分株。

【应用】为我国传统名花，花美丽，具香气，多盆栽用于庭院、居室、办公室等装饰。

兔耳兰 *Cymbidium lancifolium*

兰科兰属

【识别要点】半附生植物。假鳞茎近扁圆柱形或狭梭形，有节，多少裸露，顶端聚生2～4枚叶。叶倒披针状长圆形至狭椭圆形，先端渐尖，上部边缘有细齿，基部收狭为柄；叶柄长3～18cm。花葶从假鳞茎下部侧面节上发出，直立，花序具2～6朵花，较少减退为单花或具更多的花；花通常白色至淡绿色，花瓣上有紫栗色中脉，唇瓣上有紫栗色斑。蒴果狭椭圆形。

【花果期】花期5～8月。

【产地】浙江南部、福建、台湾、湖南南部、广东、海南、广西、四川南部、贵州、云南和西藏东南部。生于海拔300～2 200m疏林下、竹林下、林缘、阔叶林下或溪谷旁的岩石上、树上或地上。

【繁殖】分株。

【应用】为常见的兰属植物，易栽培，园林中适合附于树干栽培观赏，也可植于稍庇荫的林下、山石上，也常盆栽用于室内装饰。

长苏石斛

Dendrobium brymerianum
纯唇石斛
兰科石斛属

【识别要点】茎直立或斜举，在中部通常有2个节间膨大而成纺锤形，不分枝，具数个节。叶薄革质，常3～5枚互生于茎的上部，狭长圆形，先端渐尖，基部稍收狭并具抱茎的鞘。总状花序，具1～2朵花；花质地稍厚，金黄色，开展；中萼片长圆状披针形，侧萼片近披针形，花瓣长圆形，全缘；唇瓣卵状三角形，中部以下边缘具短流苏，中部以上（尤其先端）边缘具长而分枝的流苏，先端的流苏比唇瓣长。蒴果长圆柱形。

【花果期】花期6～7月；果期9～10月。

【产地】云南。生于海拔1 100～1 900m的山地林缘树干上。泰国、缅甸、老挝也有。

【繁殖】扦插、分株。

【应用】花金黄美丽，为优良的观花植物，适于公园、绿地等附树附石栽培观赏，也可盆栽。

晶帽石斛 *Dendrobium crystallinum*

兰科石斛属

【识别要点】茎直立或斜立，稍肉质，圆柱形，不分枝，具多节。叶纸质，长圆状披针形，先端长渐尖，基部具抱茎的鞘。总状花序数个，具1～2朵花；萼片和花瓣乳白色，上部紫红色。蒴果长圆柱形。

【花果期】花期5～7月；果期7～8月。

【产地】云南。生于海拔540～1 700m的山地林缘或疏林中树干上。缅甸、泰国、老挝、柬埔寨、越南也有。

【繁殖】扦插、分株。

【应用】花美丽，多盆栽观赏，也可附于树干、廊柱或悬于廊架之下栽培观赏。

串珠石斛

Dendrobium falconeri

红鹏石斛

兰科石斛属

【识别要点】茎悬垂，肉质，细圆柱形，近中部或中部以上的节间常膨大，多分枝，在分枝的节上通常肿大而成念珠状。叶薄革质，常2～5枚，互生于分枝的上部，狭披针形，先端钝或锐尖而稍钩转，基部具鞘。总状花序侧生，常减退成单朵；花大，开展，质地薄；萼片淡紫色或水红色，带深紫色先端；花瓣白色，带紫色先端。果实为蒴果。

【花果期】花期5～6月。

【产地】湖南、台湾、广西、云南。生于海拔800～1 900m的山谷岩石上和山地密林中树干上。不丹、印度东北部、缅甸、泰国也有。

【繁殖】扦插、分株。

【应用】茎纤细似念珠，花大美丽，为优良的观花植物，可附生于树干上、山石上、廊柱上栽培观赏。

橙黄玉凤花

Habenaria rhodocheila
红唇玉凤花
兰科玉凤花属

【识别要点】植株高8～35cm。块茎长圆形，肉质，茎粗壮，直立，圆柱形。叶片线状披针形至近长圆形，先端渐尖，基部抱茎。总状花序具2～10余朵疏生的花，花中等大，萼片和花瓣绿色，唇瓣橙黄色、橙红色或红色；中萼片直立，近圆形，与花瓣靠合呈兜状；侧萼片长圆形，花瓣直立，匙状线形，唇瓣向前伸展，轮廓卵形。蒴果纺锤形，先端具喙。

【花果期】花期7～8月；果期10～11月。

【产地】江西、福建、湖南、广东、香港、海南、广西、贵州。生于海拔300～1 500m的山坡或沟谷林下阴处地上或岩石上覆土中。越南、老挝、柬埔寨、泰国、马来西亚、菲律宾也有。

【繁殖】播种、分株。

【应用】花美丽，为优良观赏兰花，可植于湿润的林下、山石之上欣赏，也可盆栽用于室内美化。

湿唇兰 *Hygrochilus parishii*

兰科湿唇兰属

【识别要点】茎粗壮。茎上部具3～5枚叶，叶长圆形或倒卵状长圆形，先端不等侧2圆裂，基部通常楔形收狭。花序1～6个，疏生5～8朵花；花大，稍肉质，萼片和花瓣黄色带暗紫色斑点，花瓣宽卵形；唇瓣肉质，贴生于蕊柱基部，3裂。果实为蒴果。

【花果期】花期6～7月。

【产地】云南。生于海拔800～1 100m的山地疏林中大树干上。印度东北部、缅甸、泰国、老挝、越南也有。

【繁殖】播种、分株。

【应用】易栽培，花大美丽，适合附于庭园树干栽培观赏。

同色兜兰 *Paphiopedilum concolor*

兰科兜兰属

【识别要点】地生或半附生植物，具粗短的根状茎和少数稍肉质而被毛的纤维根。叶基生，2列，4～6枚；叶片狭椭圆形至椭圆状长圆形，先端钝并略有不对称，上面有深浅绿色相间的网格斑。花葶直立，紫褐色，被白色短柔毛，顶端通常具1～2花，罕有3花；花淡黄色或罕有近象牙白色，具紫色细斑点。果实为蒴果。

【花果期】花期通常6～8月。

【产地】广西西部、贵州和云南东南部至西南部。生于海拔300～1 400m的石灰岩地区多腐殖质土壤上或岩壁缝隙或积土处。缅甸、越南、老挝、柬埔寨和泰国也有。

【繁殖】分株。

【应用】易栽培，花大美丽，多盆栽用于室内观赏。

长瓣兜兰

Paphiopedilum dianthum
红兜兰
兰科兜兰属

【识别要点】附生植物，较高大。叶基生，2列，2～5枚；叶片宽带形或舌状，厚革质，干后常呈棕红色，先端近浑圆并有裂口或小弯缺。花葶近直立，总状花序具2～4花；花大，中萼片与合萼片白色而有绿色的基部和淡黄绿色脉，花瓣淡绿色或淡黄绿色并有深色条纹或褐红色晕，唇瓣绿黄色并有浅栗色晕，唇瓣倒盔状。蒴果近椭圆形。

【花果期】花期7～9月；果期11月。

【产地】广西、贵州和云南。生于海拔1 000～2 250m的林缘或疏林中的树干上或岩石上。

【繁殖】分株。

【应用】较少栽培，花瓣极长，为美丽的观赏植物，多盆栽用于室内观赏，也可用于庇荫的树干上或岸壁上栽培。

虎斑兜兰 *Paphiopedilum markianum*

兰科兜兰属

【识别要点】地生或半附生植物。叶基生，2列，2～3枚；叶片狭长圆形，先端钝并常有小裂口或弯缺，绿色，背面色略浅，无毛。花葶直立，紫色，顶端生1花；中萼片黄绿色而有3条紫褐色粗纵条纹，合萼片淡黄绿色并在基部有紫褐色细纹，花瓣基部至中部黄绿色并在中央有2条紫褐色粗纵条纹，上部淡紫红色，唇瓣淡黄绿色而有淡褐色晕。果实为蒴果。

【花果期】花期6～8月。

【产地】云南西部。生于海拔1 500～2 200m的林下荫蔽多石处或山谷旁灌丛边缘。

【繁殖】分株。

【应用】花大美丽，较易栽培，可用于营建兰花景观，可植于林下或附于树干上栽培，也可盆栽用于室内美化。

大尖囊兰

Phalaenopsis deliciosa
俯茎胼胝兰
兰科蝴蝶兰属

【识别要点】根簇生，扁平，长而弯曲。茎短，具3～4枚叶。叶2列，纸质，倒卵状披针形或有时椭圆形，先端钝并且稍钩曲，基部楔形收狭，边缘波状。花序斜出或上举，密生数朵小花；花时具叶，萼片和花瓣浅白色带淡紫色斑纹；花瓣近倒卵形，先端钝，唇瓣3裂，基部无爪。果实为蒴果。

【花果期】花期7月。

【产地】海南。生于海拔450～1 100m的山地林中树干上或山谷岩石上。广泛分布于斯里兰卡、印度、缅甸、老挝、越南、柬埔寨、泰国、马来西亚、印度尼西亚、菲律宾。

【繁殖】播种、分株。

【应用】株形小巧，有一定观赏性，可用于庭园附树或附于桫椤板上栽培观赏。

云南石仙桃 *Pholidota yunnanensis*

兰科石仙桃属

【识别要点】假鳞茎近圆柱状，向顶端略收狭。顶端生2叶。叶披针形，坚纸质，具折扇状脉，先端略钝，基部渐狭成短柄。花葶生于幼嫩假鳞茎顶端，总状花序具15～20朵花；花白色或浅肉色，中萼片宽卵状椭圆形或卵状长圆形，侧萼片宽卵状披针形，花瓣与中萼片相似，唇瓣轮廓为长圆状倒卵形。蒴果倒卵状椭圆形。

【花果期】花期5月；果期9～10月。

【产地】广西、湖北、湖南、四川、贵州和云南。生于海拔1 200～1 700m林中或山谷旁的树上或岩石上。越南也有。

【繁殖】播种、分株。

【应用】花洁白美丽，花序长，观赏性较佳，适合庭园附树、附石栽培观赏。

大花独蒜兰

Pleione grandiflora

兰科独蒜兰属

【识别要点】附生草本。假鳞茎近圆锥形，上端渐狭成明显的长颈，绿色，顶端具1枚叶。叶在花期尚幼嫩，披针形，纸质，先端急尖，基部渐狭成柄。花葶从无叶的老假鳞茎基部发出，直立。顶端具1花；花白色，较大，唇瓣上有时具深紫红色或褐色的斑；中萼片倒披针形，侧萼片狭椭圆形，花瓣镰刀状倒披针形。果实为蒴果。

【花果期】花期5月。

【产地】云南。生于海拔2 650 ~ 2 850m。林下岩石上。

【繁殖】分株、播种。

【应用】花大色艳，极美丽，在岭南炎热地区极难越夏，第二年不易复花，在较寒冷地区可植于庭园庇荫的岩石上栽培观赏。

云南火焰兰 *Renanthera imschootiana*

兰科火焰兰属

【识别要点】茎长达1m。具多数彼此紧靠而2列的叶，叶革质，长圆形，先端稍斜2圆裂，基部具抱茎的鞘。花序腋生，长达1m，具分枝，总状花序或圆锥花序具多数花；花开展，中萼片黄色，近匙状倒披针形，侧裂片内面红色，背面草黄色；花瓣黄色带红色斑点，狭匙形，先端钝而增厚并且密被红色斑点，唇瓣3裂。果实为蒴果。

【花果期】花期5月。

【产地】云南。生于海拔500m以下的河谷林中树干上。越南也有。

【繁殖】扦插。

【应用】花美丽，多附生于树干、廊柱或山石上栽培，也可盆栽用于室内观赏。

钻喙兰 *Rhynchostylis retusa*

兰科钻喙兰属

【识别要点】茎直立或斜立，不分枝，具少数至多数节。叶肉质，2列，彼此紧靠，外弯，宽带状，先端不等侧2圆裂，基部具宿存的鞘。花序腋生，1～3个，密生许多花；花白色而密布紫色斑点，中萼片椭圆形，侧萼片斜长圆形，花瓣狭长圆形，先端钝，唇瓣贴生于蕊柱足末端。蒴果倒卵形或近棒状。

【花果期】花期5～6月；果期5～7月。

【产地】贵州、云南。生于海拔310～1 400m疏林中或林缘树干上。亚洲热带地区广布。

【繁殖】播种、分株。

【应用】花序大而美丽，为优良的观赏兰花，适合公园、绿地、庭院等附树栽培或盆栽欣赏。

叉唇万代兰 *Vanda cristata* 兰科万代兰属

【识别要点】茎直立。具数枚紧靠的叶，叶厚革质，2列，斜立而向外弯，带状，中部以下多少V形对折，先端斜截并且具3个细尖的齿。花序腋生，直立，花开展，质地厚；萼片和花瓣黄绿色，向前伸展；中萼片长圆状匙形，侧萼片披针形，花瓣镰状长圆形，唇瓣比萼片长，3裂。果实为蒴果。

【花果期】花期5月。

【产地】云南、西藏。生于海拔700～1 650m的常绿阔叶林中树干上。印度、尼泊尔至西喜马拉雅的热带地区也有。

【繁殖】播种、分株。

【应用】为少数产于我国的万代兰属植物，易栽培，适合公园、校园、庭院等附树栽培，也可盆栽。

白花拟万代兰

Vandopsis undulata
船唇兰
兰科拟万代兰属

【识别要点】茎斜立或下垂，质地坚硬，圆柱形具分枝，多节。叶革质，长圆形，先端钝并且稍不等侧2裂。花序长达50cm，通常具少数分枝，总状花序或圆锥花序疏生少数至多数花；花大，芳香，白色；花瓣稍反折，相似于萼片而较小，边缘波状；唇瓣比花瓣短，3裂。果实为蒴果。

【花果期】花期5～6月。

【产地】云南、西藏。生于海拔1 860～2 200m林中大乔木树干上或山坡灌丛中岩石上。尼泊尔、不丹、印度也有。

【繁殖】播种、分株。

【应用】花具芳香，美丽，但花量较少，可于稍荫蔽处附树或附石栽培观赏。

大花马齿苋

Portulaca grandiflora
太阳花、死不了
马齿苋科马齿苋属

【识别要点】一年生草本，高10～30cm。茎平卧或斜升，紫红色，多分枝。叶密集枝端，较下的叶分开，不规则互生，叶片细圆柱形，有时微弯，顶端圆钝，无毛。花单生或数朵簇生枝端，日开夜闭；总苞8～9片，叶状，轮生，萼片2，淡黄绿色，花瓣5或重瓣，倒卵形，红色、紫色或黄白色。蒴果近椭圆形，盖裂；种子细小，多数，圆肾形。

【花果期】花期6～7月；果期夏、秋。

【产地】原产巴西。我国公园、花圃常有栽培。

【繁殖】播种、扦插。

【应用】性强健，是我国常见的庭园花卉，常用于路边、花坛栽培观赏，盆栽用于窗台、阳台美化居室。

阔叶马齿苋

Portulaca oleracea var. *granatus*

阔叶半支莲

马齿苋科马齿苋属

【识别要点】一年生草本，全株无毛。茎平卧或斜倚，伏地铺散，多分枝，圆柱形。叶互生，有时近对生；叶片扁平，肥厚，倒卵形，顶端圆钝或平截，有时微凹，基部楔形，全缘。花无梗，常3～5朵簇生枝端，午时盛开；苞片2～6，叶状，膜质，近轮生；萼片2，对生，绿色，盔形；花瓣5，稀4，黄、红、粉、粉红等多色。蒴果卵球形，种子细小，多数。

【花果期】6～9月。

【产地】变种，原种我国南北各地均产。

【繁殖】扦插。

【应用】花色丰富，极为艳丽，是优良的观花植物，园林中常用于路边、花坛、草地边缘栽培观赏，也是花境及镶边的良好材料。

临时救

Lysimachia congestiflora
聚花过路黄
报春花科珍珠菜属

【识别要点】茎下部匍匐，节上生根，上部及分枝上升。叶对生，近密聚，叶片卵形、阔卵形至近圆形，近等大，先端锐尖或钝，基部近圆形或截形，稀略呈心形，上面绿色，下面较淡。花2～4朵集生茎端和枝端成近头状的总状花序，在花序下方的1对叶腋有时具单生之花；花冠黄色，内面基部紫红色。蒴果球形。

【花果期】花期5～6月。

【产地】我国长江以南地区以及陕西、甘肃南部和台湾省。生于水沟边、田埂上和山坡林缘、草地等湿润处，垂直分布上限可达海拔2 100m。印度锡金邦、不丹、缅甸、越南也有。

【繁殖】播种。

【应用】多作药用，花美丽，也可用于园林绿化，适合公园、景区及庭院等园路边、滨水岸边或墙边种植观赏。

大叶排草

Lysimachia fordiana

大叶过路黄

报春花科珍珠菜属

【识别要点】根茎粗短。茎通常簇生，直立，肥厚多汁，圆柱状，通常不分枝。叶对生，茎端的2对间距短，常近轮生状，叶片椭圆形、阔椭圆形至菱状卵圆形，先端锐尖或短渐尖，基部阔楔形，上面深绿色，下面粉绿色。花序为顶生缩短成近头状的总状花序；花冠黄色，裂片长圆形或长圆状披针形，先端钝或稍尖。蒴果近球形。

【花果期】花期5月；果期7月。

【产地】云南、广东、广西。生于密林中和山谷溪边湿地，垂直分布上限可达海拔800m。

【繁殖】播种。

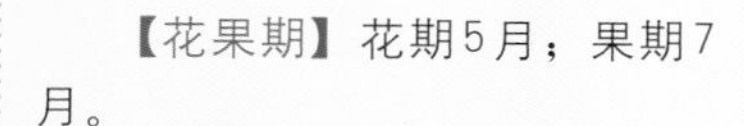

【应用】开花繁茂，极为美丽，为优良观花植物，目前岭南地区园林中较少应用，可用于稍庇荫的园路边、山石边或水岸边种植观赏。

宜昌过路黄 *Lysimachia henryi*

报春花科珍珠菜属

【识别要点】茎簇生，直立或基部有时倾卧生根，圆柱形，单一或有分枝。叶对生，呈轮生状，叶片披针形至卵状披针形，稀卵状椭圆形，先端锐尖或稍钝，基部楔状渐狭，稀为阔楔形。花集生于茎端，略呈头状花序状；花冠黄色，裂片卵状椭圆形。蒴果褐色。

【花果期】花期5～6月；果期6～7月。

【产地】四川东部和湖北西部。生于长江沿岸石缝中。

【繁殖】播种。

【应用】花繁茂，易栽培，园林中有少量应用，可片植于路边、墙垣边或山石边，也可盆栽观赏。

三色凤梨

Ananas bracteatus var. *striatus*
五彩凤梨、美艳凤梨
凤梨科凤梨属

【识别要点】多年生草本。叶多数，莲座式，剑形，顶端渐尖，叶缘有锯齿，叶边缘黄色带红晕。花序由叶丛中抽出，状如松球，花小。聚花果肉质。

【花果期】花期夏季到冬季。
【产地】巴西。
【繁殖】分株。

【应用】适应性强，株形秀雅，叶色美观，为优良的观叶植物，盆栽适合阳台、窗台、卧室、窗厅等美化，园林中可用于山石边、墙垣边栽培观赏。

凤梨 *Ananas comosus*

菠萝

凤梨科凤梨属

【识别要点】株高约1m。茎短粗，褐色，基部有吸芽抽出。叶多数，旋叠状簇生，剑形，肉质，边缘有锯齿。穗状花序自叶丛中抽生。花稠密，紫红色，苞片三角状卵形至长椭圆状卵形，淡红色。聚花果球果状，果肉黄色多汁。

【花果期】花期夏至冬季；果熟期春至秋。

【产地】美洲热带。

【繁殖】分蘖。

【应用】为著名的热带水果，可鲜食，也适合盆栽观赏或布置庭园。

水塔花 *Billbergia pyramidalis*

凤梨科水塔花属

【识别要点】多年生常绿草本，株高50～60cm。莲座状叶丛基部形成贮水叶筒较大，有叶10～15片，叶片肥厚，宽大，叶缘有小锯齿。穗状花序直立，苞片披针形，花冠鲜红色，花瓣外卷，边缘带紫。果实为浆果。

【花果期】花期6～10月。
【产地】巴西。
【繁殖】分株。

【应用】叶色翠绿，株形美观，园林中可用于路边、山石边栽培观赏。盆栽适合阳台、窗台、卧室等光线明亮的地方栽培。

松萝凤梨

Tillandsia usneoides
老人须、空气凤梨
凤梨科铁兰属

【识别要点】多年生附生草本。叶纤细，具分枝，互生，绿色，上具白色鳞片。小花腋生，花瓣4，黄绿色。

【应用】为附生植物，不需基质栽培，可悬于树干、棚架等处观赏。

【花果期】花期初夏。

【产地】美洲。

【繁殖】分株。

莺歌凤梨

Vriesea carinata

虾爪凤梨

凤梨科丽穗凤梨属

【识别要点】小型附生种，株高15～30cm。叶呈莲座状，叶片绿色，带状，薄肉质，叶面平滑，富有光泽。花梗顶端扁平的苞片，整齐依序叠生，苞片基部呈红色，苞端呈嫩黄色或黄绿色，小花黄色。

【花果期】花期5～7月。

【产地】巴西。

【繁殖】分株。

【应用】株形美观，总苞艳丽，多盆栽用于客厅、阳台、书房或卧室等处装饰，园林中也可附于树干或枯木上栽培观赏。

宝塔姜

Costus barbatus
红花闭鞘姜
姜科闭鞘姜属

【识别要点】多年生草本，株高1～2m。叶片深绿色，在茎上近螺旋状向上生长，叶长椭圆形，先端尖，基部渐狭，无柄。花序呈塔状，由深红色苞片呈覆瓦状排列组成，金黄色管状花从苞片中伸出。果实为蒴果。

【花果期】花期夏秋。

【产地】原产中美洲，我国引入作观赏栽培。

【繁殖】分株。

【应用】花序美丽，苞片及花朵有较高的观赏性，对比强烈，为优良庭园植物，适合公园、校园等山石边、园路边种植观赏。

大苞闭鞘姜 *Costus dubius* 姜科闭鞘姜属

【识别要点】多年生宿根草本植物，株高1～3m。叶片长圆形或披针形，呈“S”螺旋形排列，先端渐尖，基部渐狭，有短柄。花序矮，约高20cm，上密生多花，球果状，顶生于自根茎抽出的花葶上；苞片覆瓦状排列，花白色。果实为蒴果。

【花果期】花期7～10月；果期11月。

【产地】刚果民主共和国。

【繁殖】分株。

【应用】花序奇特美丽，具有较高观赏价值，多用于公园、花园、庭园及风景区的路边、草坪中、山石边种植观赏。

闭鞘姜

Costus speciosus
水蕉花
姜科闭鞘姜属

【识别要点】株高1～3m，基部近木质，顶部常分枝，旋卷。叶片长圆形或披针形，顶端渐尖或尾状渐尖，基部近圆形，叶背密被绢毛。穗状花序顶生，椭圆形或卵形，苞片革质，红色，花萼革质，红色，花冠管短，裂片长圆状椭圆形，白色或顶部红色；唇瓣宽喇叭形，纯白色。蒴果稍木质，种子黑色，光亮。

【花果期】花期7～10月；果期9～11月。

【产地】台湾、广东、广西、云南等地。生于海拔45～1 700m疏林下、山谷阴湿地、路边草丛、荒坡、水沟边等处。热带亚洲广布。

【繁殖】分株、播种或扦插。

【应用】花大，洁白素雅，果序也有较高的观赏性，园林中常丛植于路边、草地中、林缘下或水岸边观赏；地下块茎具香气，根状茎入药。

姜荷花

Curcuma alsimatifolia
姜科姜黄属

【识别要点】多年生球根草本花卉，株高30～80cm。叶基生，长椭圆形，革质，亮绿色，顶端渐尖，中脉为紫红色。穗状花序从卷筒状的心叶中抽出，上部苞叶桃红色，阔卵形，下部为蜂窝状绿色苞片，内含白色小花。果实为蒴果。

【花果期】花期6～10月。

【产地】泰国。

【繁殖】分株或分根茎。

【应用】花大美丽，多盆栽观赏，适合阳台、窗台、卧室、案几上摆放观赏，也可用于小路边、滨水岸边种植观赏。

舞花姜 *Globba racemosa*

姜科舞花姜属

【识别要点】株高0.6～1m，茎基膨大。叶片长圆形或卵状披针形，顶端尾尖，基部急尖。圆锥花序顶生，花黄色，各部均具橙色腺点；花萼管漏斗形，顶端具3齿；花冠管裂片反折，唇瓣倒楔形，顶端2裂，反折。蒴果椭圆形。

【花果期】花期6～9月。

【产地】我国南部至西南部各地。生于林下阴湿处，海拔400～1 300m。印度也有。

【繁殖】分株。

【应用】花美丽，观赏性强，适合植于庭园小径、山石边或墙垣边观赏，也可盆栽。

金姜花 *Hedychium gardnerianum* 姜科姜花属

【识别要点】多年生草本植物，株高1.5m左右。叶片绿色，全缘，光滑，长椭圆状披针形，叶柄短。穗状花序顶生；苞片绿色，卵形或倒卵形，先端圆形或渐尖；小花密生，边缘浅黄色，心部金黄色。果实为蒴果。

【花果期】花期6～10月。

【产地】亚洲南部。华南有栽培。

【繁殖】分株。

【应用】株形美观，花奇特美丽，园林中可用于路边、墙垣边或林缘下栽培观赏，也是切花的优良材料。

红球姜 *Zingiber zerumbet* 姜科姜属

【识别要点】根茎块状，内部淡黄色。株高0.6～2m。叶片披针形至长圆状披针形，无毛或背面被疏长柔毛，无柄或具短柄。花序球果状，顶端钝，苞片覆瓦状排列，紧密，近圆形，初时淡绿色，后变红色，边缘膜质，花冠管裂片披针形，淡黄色，唇瓣淡黄色，中央裂片近圆形或近倒卵形，顶端2裂，侧裂片倒卵形。蒴果椭圆形，种子黑色。

【花果期】花期7～9月；果期10月。

【产地】广东、广西、云南等地。生于林下阴湿处。亚洲热带地区广布。

【繁殖】分株。

【应用】花序奇特美丽，观赏性强，目前应用较少，可引种至公园、景区、花园等路边、墙垣边种植观赏，也是优良的切花材料。

大薸

Pistia stratiotes

芙蓉莲

天南星科大薸属

【识别要点】水生飘浮草本。有长而悬垂的根多数，须根羽状，密集。叶簇生呈莲座状，叶片常因发育阶段不同而形成倒三角形、倒卵形、扇形，以至倒卵状长楔形，先端截头状或浑圆，基部厚，二面被毛，基部尤为浓密；叶脉扇状伸展，背面明显隆起成折皱状。佛焰苞白色，外被茸毛。

【花果期】花期5～11月。

【产地】福建、台湾、广东、广西、云南各地热带地区野生，全球热带及亚热带地区广布。

【繁殖】分株。

【应用】株形美观，适宜于静水池塘等水体绿化，但本种生长较快，可入侵沟渠，堵塞河道等，应用宜选择封闭的水体。

水金英

Hydrocleys nymphoides
水罂粟
花蔺科水罂粟属

【识别要点】多年生浮水草本植物，株高5cm。叶簇生于茎上，叶片呈卵形至近圆形，具长柄，顶端圆钝，基部心形，全缘。伞形花序，小花具长柄，罂粟状，黄色。蒴果披针形。

【花果期】花期6～9月。

【产地】中南美洲。我国南方引种栽培。

【繁殖】分株。

【应用】花色金黄、艳丽，观赏性佳，多用于公园、绿地等水体绿化，也可盆栽观赏。

聚花草

Floscopa scandens
水竹菜
鸭跖草科聚花草属

【识别要点】植株具极长的根状茎，根状茎节上密生须根。植株全体或仅叶鞘及花序各部分被多细胞腺毛。茎高20～70cm，不分枝。叶无柄或有带翅的短柄；叶片椭圆形至披针形，上面有鳞片状突起。圆锥花序多个，顶生并兼有腋生，组成扫帚状复圆锥花序，花梗极短，萼片长浅舟状；花瓣蓝色或紫色，少白色，倒卵形，略比萼片长。蒴果卵圆状，侧扁；种子半椭圆状，灰蓝色。

【花果期】7～11月。

【产地】浙江、福建、江西、湖南、广东、海南、广西、云南、四川、西藏和台湾。生于海拔1 700m以下的水边、山沟边草地及林中。亚洲热带及大洋洲热带广布。

【繁殖】播种。

【应用】性强健，适应性强，花序大而美观，在园林中较少应用，可引种于池塘、水池的浅水边或岸边种植观赏。

千屈菜

Lythrum salicaria
水柳
千屈菜科千屈菜属

【识别要点】多年生草本。根茎横卧于地下，粗壮。茎直立，多分枝。叶对生或3叶轮生，披针形或阔披针形，顶端钝形或短尖，基部圆形或心形，有时略抱茎，全缘。花组成小聚伞花序，簇生，萼筒有纵棱12条，裂片6，花瓣6，红紫色或淡紫色，倒披针状长椭圆形，基部楔形。蒴果扁圆形。

【花果期】花期7～9月；果期8～10月。

【产地】全国各地都有栽培。生于河岸、湖畔、溪沟边和潮湿草地。欧洲、非洲、北美洲、大洋洲也有。

【繁殖】播种、扦插、分株。

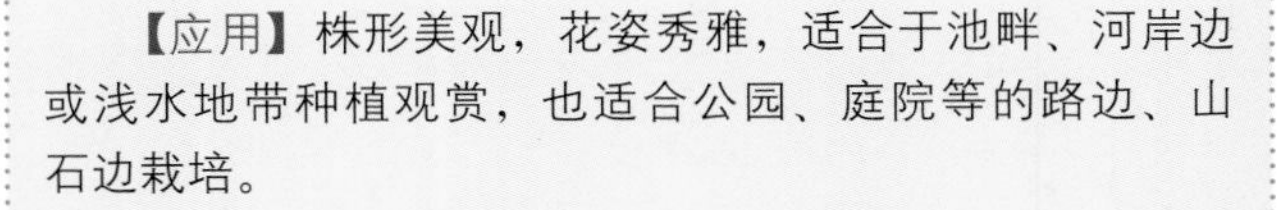

【应用】株形美观，花姿秀雅，适合于池畔、河岸边或浅水地带种植观赏，也适合公园、庭院等的路边、山石边栽培。

水竹芋

Thalia dealbata
再力花
竹芋科再力花属

【识别要点】多年生常绿草本，株高1～2m。叶灰绿色，长卵形或披针形，全缘，叶柄极长，近叶基部暗红色。穗状圆锥花序，小花多数，花紫红色。果实为蒴果。

【花果期】花期夏季。

【产地】美国及墨西哥。我国南方大量栽培。

【繁殖】分株。

【应用】花美丽，株形美观，叶形奇特，为优良的水生植物，多用于水体浅水处或水岸边种植观赏。

红鞘水竹芋

Thalia geniculata

垂花水竹芋

竹芋科再力花属

【识别要点】多年生挺水植物，株高1～2m，地下具根茎。叶鞘为红褐色，叶片长卵圆形，先端尖，基部圆形，全缘，叶脉明显。花茎可达3m，直立；花序细长，弯垂，花不断开放，花梗呈“之”字形。苞片具细茸毛，花冠粉紫色，先端白色。果实为蒴果。

【花果期】花期夏秋。

【产地】热带非洲。近年来我国华南等地引种栽培。

【繁殖】分株。

【应用】花序极为奇特，茎红色，有较高的观赏价值，为近年来引进的水生植物，可用于公园、景区的水体绿化。

莲

Nelumbo nucifera

荷花、芙蕖

睡莲科莲属

【识别要点】多年生水生草本。根状茎横生，肥厚，节间膨大，内有多数纵行通气孔道，节部缢缩，下生须状不定根。叶圆形，盾状，全缘稍呈波状，上面光滑，具白粉，下面叶脉从中央射出，叶柄中空，外面散生小刺。花美丽，芳香；花瓣红色、粉红色或白色，矩圆状椭圆形至倒卵形，由外向内渐小，有时变成雄蕊，先端圆钝或微尖。坚果椭圆形或卵形，果皮革质，坚硬，熟时黑褐色；种子（莲子）卵形或椭圆形。

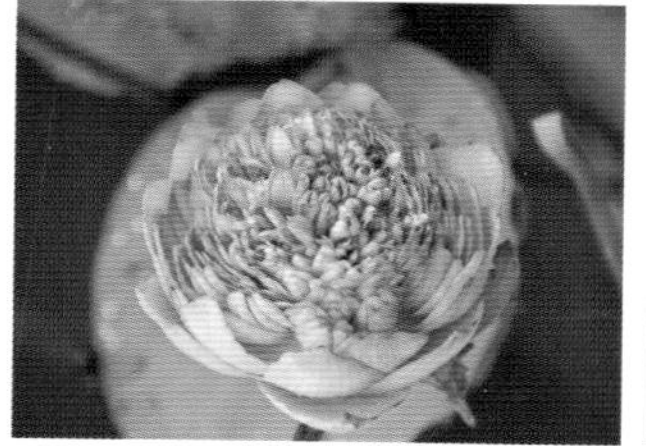

【花果期】花期6～9月；果期9～10月。

【产地】我国南北各省。自生或栽培在池塘或水田内。俄罗斯、朝鲜、日本、印度、越南和大洋洲也有。

【繁殖】播种或用莲藕栽植。

【应用】我国园林常用的水生花卉。多植于水体的浅水处。其花芳香，可用于插花，尤适合东方式插花；藕、莲子、花均可食用并入药。

萍蓬草

Nuphar pumila

萍蓬莲

睡莲科萍蓬草属

【识别要点】多年生水生草本。根状茎直径2～3cm。叶纸质，宽卵形或卵形，少数椭圆形，先端圆钝，基部具弯缺，心形，裂片远离，圆钝，上面光亮，无毛，下面密生柔毛。萼片黄色，外面中央绿色，矩圆形或椭圆形，花瓣窄楔形，先端微凹；柱头盘常10浅裂，淡黄色或带红色。浆果卵形，种子矩圆形，褐色。

【花果期】花期7～8月；果期秋季。

【产地】黑龙江、吉林、江苏、浙江、江西、福建及广东。生于湖沼中。俄罗斯、日本也有。

【繁殖】分株、播种。

【应用】多用于池塘水景布置，也可盆栽于庭院、建筑物、假山石前，或在居室前向阳处摆放；根状茎可食用，入药具有强壮、净血作用。

睡莲 *Nymphaea* spp.

子午莲、水芹花

睡莲科睡莲属

【识别要点】多年生水生草本。根状茎肥厚。叶2型：浮水叶圆形或卵形，基部具弯缺，心形或箭形，常无出水叶；沉水叶薄膜质，脆弱。花大型，浮在或高出水面；萼片4，近离生；花瓣白色、蓝色、黄色或粉红色，12～32枚成多轮，有时内轮渐变成雄蕊。浆果海绵质，不规则开裂，在水面下成熟；种子坚硬，为胶质物包裹。

【花果期】不同种花期有差异，主要花期为夏季；果期7～10月。

【产地】广泛分布在温带及热带。

【繁殖】播种、分株或根茎扦插。

【应用】花大美丽，常用于水体绿化、点缀，也可盆栽装饰居室或庭院，还是优良的插花花材。

亚马逊王莲

Victoria amazonica
王莲
睡莲科王莲属

【识别要点】多年生或一年生大型浮叶草本。浮水叶椭圆形至圆形，叶缘上翘呈盘状，叶面绿色略带微红，有皱褶，背面紫红色，具刺。花单生，常伸出水面开放，初开白色，后变为淡红色至深红色，有香气。果实为浆果。

【花果期】7～9月。

【产地】南美洲热带地区。我国南方引种栽培。

【繁殖】播种。

【应用】叶大，形态奇特，可用于公园、风景区的水体绿化，也适合与其他水生植物配植。

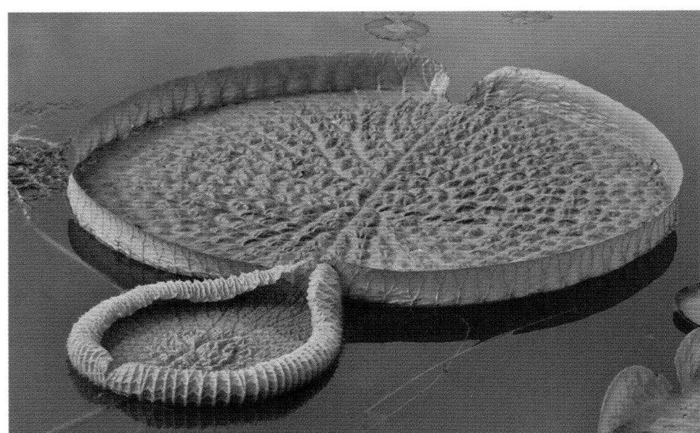

克鲁兹王莲

Victoria cruziana

小王莲

睡莲科王莲属

【识别要点】大型多年生水生植物。叶浮于水面，成熟叶圆形，叶缘向上反折。花单生，伸出水面，芳香，初开时白色，逐渐变为粉红色，至凋落时颜色逐渐加深。果实为浆果。

【花果期】7～10月。

【产地】南美洲热带地区。我国南方引种栽培。

【繁殖】播种。

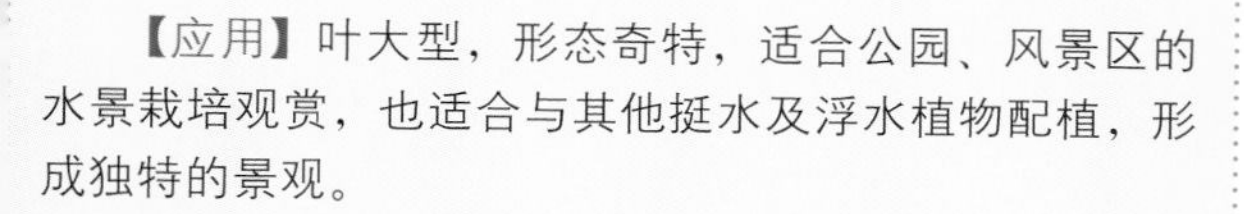

【应用】叶大型，形态奇特，适合公园、风景区的水景栽培观赏，也适合与其他挺水及浮水植物配植，形成独特的景观。

凤眼莲

Eichhornia crassipes
凤眼蓝、水浮莲、水葫芦
雨久花科凤眼蓝属

【识别要点】浮水草本，高30～60cm。须根发达，棕黑色。叶在基部丛生，莲座状排列，一般5～10片；叶片圆形、宽卵形或宽菱形，顶端钝圆或微尖，基部宽楔形或在幼时为浅心形，全缘。花葶从叶柄基部的鞘状苞片腋内伸出，多棱；穗状花序通常具9～12朵花；花被裂片6枚，花瓣状，卵形、长圆形或倒卵形，紫蓝色，花冠略两侧对称，上方1枚裂片较大，四周淡紫红色，中间蓝色，在蓝色的中央有1黄色圆斑。蒴果卵形。

【花果期】花期7～8月；果期9～10月。

【产地】原产巴西。现广布于我国长江、黄河流域及华南各地。生于海拔200～1 500m的水塘、沟渠及稻田中。亚洲地区已逸生。

【繁殖】分株。

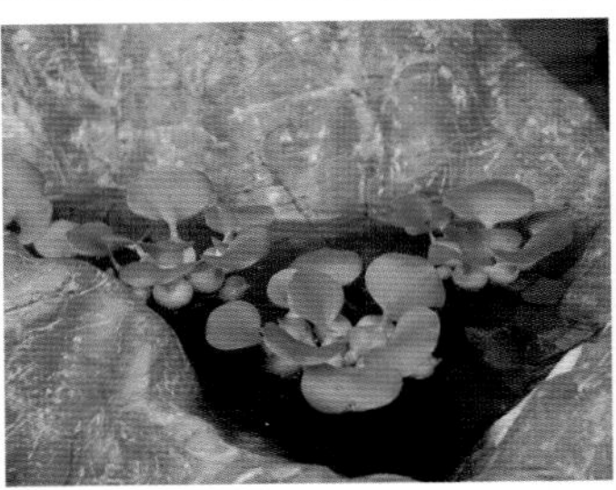

【应用】花美丽。本种为著名的入侵植物，因为繁殖快，侵占性强，引种时最好不要种植于水塘、河道中，防止成灾，可用于石盆、水槽或景观封闭的小型水体绿化。

雨久花 *Monochoria korsakowii*

雨久花科雨久花属

【识别要点】直立水生草本。根状茎粗壮，具柔软须根。茎直立，基部有时带紫红色。叶基生和茎生；基生叶宽卵状心形，顶端急尖或渐尖，基部心形，全缘；茎生叶叶柄渐短，基部增大成鞘，抱茎。总状花序顶生，有时再聚成圆锥花序；花10余朵，花蓝色。蒴果长卵圆形，种子长圆形。

【花果期】花期7～8月；果期9～10月。

【产地】东北、华北、华中、华东和华南。生于池塘、湖沼靠岸的浅水处和稻田中。朝鲜、日本、俄罗斯西伯利亚地区也有。

【繁殖】分株。

【应用】花美丽，为常见栽培的水生观花植物，适合水岸边浅水处种植观赏。

天使花

Angelonia salicariifolia
玄参科香彩雀属

【识别要点】多年生宿根亚灌木，株高30～70cm。叶对生，线状披针形，边缘具刺状疏锯齿。花腋生，花冠唇形，花色有白、红、紫或杂色。

【花果期】全年可开花，以夏季为盛。
【产地】原产美洲。我国栽培广泛。
【繁殖】播种、扦插、分株。

【应用】性强健，旱地、湿地及水中均可生长，常用于布置花坛、花台或用于水岸边或浅水处绿化，也是盆栽装饰室内的优良观花植物。

参考文献

段公路．1936．北户录．丛书集成初编本．上海：商务印书馆．

广州市芳村区地方志编辑委员会．1993．岭南第一花乡．广州：花城出版社．

何世经．1998．小榄菊艺的历史和现状．广东园林（4）：47–48．

李少球．2004．羊城迎春花市的沉浮．广州：花卉研究20年——广东省农业科学院花卉研究所建所20周年论文选集．

梁修．1989．花棣百花诗笺注．梁中民，廖国媚笺注．广州：广东高等教育出版社．

凌远清．2013．明清以来陈村花卉种植的历史变迁．顺德职业技术学院学报，11（1）：86–90．

刘恂．2011．历代岭南笔记八种．鲁迅，杨伟群点校．广州：广东人民出版社．

倪金根．2001．陈村花卉生产历史初探，广东史志（1）：27–32．

屈大均．1985．广东新语．北京：中华书局．

孙卫明．2009．千年花事．广州：羊城晚报出版社．

徐晔春，朱根发．2012．4 000种观赏植物原色图鉴．长春：吉林科学技术出版社．

中国科学院中国植物志编辑委员会．1979–2004．中国植物志．北京：科学出版社．

周去非．1936．岭外代答．丛书集成初编本．上海：商务印书馆．

周肇基．1995．花城广州及芳村花卉业的历史考察．中国科技史料，16（3）：3–15．

朱根发，徐晔春．2011．名品兰花鉴赏经典．长春：吉林科学技术出版社．

图书在版编目（CIP）数据

岭南夏季花木 / 朱根发，徐晔春，操君喜编著．—
北京：中国农业出版社，2014.6
（四季花城）
ISBN 978-7-109-18757-3

Ⅰ．①岭… Ⅱ．①朱… ②徐… ③操… Ⅲ．①花卉—介绍—广东省 Ⅳ．①S68

中国版本图书馆CIP数据核字（2013）第312383号

中国农业出版社出版
（北京市朝阳区麦子店街18号楼）
（邮政编码 100125）
责任编辑 石飞华

中国农业出版社印刷厂印刷 新华书店北京发行所发行
2014年6月第1版 2014年6月北京第1次印刷

开本：880mm × 1230mm 1/32 印张：7.875
字数：330千字
定价：49.00元